Erhöhung der Selektivität und Präzision beim Schweißen von mehrschichtigen Thermoplastfolien durch den Einsatz von wellenlängenangepasster Laserbearbeitung

Increasing Selectivity and Precision for Welding of Multi-Layer Thermoplastic Films by Using Wavelength-adapted Laser Processing

Von der Fakultät für Maschinenwesen
der Rheinisch-Westfälischen Technischen Hochschule Aachen
zur Erlangung des akademischen Grades eines
Doktors der Ingenieurwissenschaften
genehmigte Dissertation

vorgelegt von

Maximilian Brosda

Berichter/in:

Univ.-Prof. Dr. rer. nat. Constantin Leon Häfner
Univ.-Prof. Dr.-Ing. Christian Hopmann

Tag der mündlichen Prüfung: 05. Juli 2024

ERGEBNISSE AUS DER LASERTECHNIK

Maximilian Brosda

Erhöhung der Selektivität und Präzision beim Schweißen von mehrschichtigen Thermoplastfolien durch den Einsatz von wellenlängenangepasster Laserbearbeitung

Bibliografische Information der Deutschen Nationalbibliothek
Die Deutsche Nationalbibliothek verzeichnet diese Publikation in der Deutschen Nationalbibliografie; detaillierte bibliografische Daten sind im Internet über https://portal.dnb.de abrufbar.

Maximilian Brosda:

Erhöhung der Selektivität und Präzision beim Schweißen von mehrschichtigen Thermoplastfolien durch den Einsatz von wellenlängenangepasster Laserbearbeitung

1. Auflage, 2024

Gedruckt auf holz- und säurefreiem Papier, 100% chlorfrei gebleicht.

Wissenschaftsverlag des Instituts für Industriekommunikation und Fachmedien an der RWTH Aachen
Steinbachstr. 25, 52074 Aachen
Internet: www.apprimus-verlag.de, E-Mail: info@apprimus-verlag.de

Druck: CPI Druckdienstleistungen GmbH, Ferdinand-Jühlke-Straße 7 I 99095 Erfurt

ISBN 978-3-98555-229-0

D 82 (Diss. RWTH Aachen University, 2024)

Kurzzusammenfassung

Polymerfolien finden in vielen Bereichen der Industrie Anwendung. Gerade dort, wo vor allem flexible und zudem kostengünstige Umsetzungen gefordert sind, stellen Polymerfolien eine herausragende Möglichkeit dar. Das Spektrum des Einsatzbereiches von Polymerfolien reicht über die Verpackungstechnik, Medizintechnik, den Automotive-Bereich bis zur High End Anwendung im Bereich der OLED/OPV Verkapselung. Polymerfolien sind zumeist für den einzelnen Anwendungsfall individuell entwickelt, um eine größtmögliche Schnittmenge für die definierten gegebenen Eigenschaftsanforderungen zu erhalten. Ein bedeutender Teil der verwendeten Polymerfolien ist dabei für das menschliche Auge transparent. Dies hat neben ästhetischen und verkaufsfördernden Aspekten auch sicherheitstechnische Gründe. Bei der Verkapselung von flexiblen OLEDs oder OPVS ist die Transparenz durch technische Randbedingungen auch zwingend erforderlich. Üblicherweise werden die zuvor speziell entwickelten Folien rollenweise von spezialisierten Herstellern produziert und dann erst beim Anwender oder Warenproduzenten eigenständig weiterverarbeitet. Der zentrale Schritt eines Weiterverarbeitungsprozesses ist das Fügen. Beim Fügen wird eine Polymerfolie mit sich selbst oder einem weiteren Fügepartner z.B. in Form eines Bechers verbunden, um ein Gut abzupacken. Hierfür sind Werkzeuge mit geometrisch fest definierter Form z.B. Heißsiegelbacken oder Ultraschallrollen etabliert. Zunehmend spielen bei der Auswahl von Technologien zur Weiterverarbeitung von Polymerfolien Aspekte der Formatflexibilität, Ressourceneffizienz und Präzision eine wichtige Rolle. Dies sind Anforderungen an die Produktanzahl bis runter zu Losgröße eins, eine Minimierung der eingesetzten Polymervielfalt in einem Folienverbund, um eine bessere Recyclingfähigkeit zu erreichen, und reproduzierbare und qualitätsrelevant nachweisbare Verbindungen zur Steigerung der Produktsicherheit. Die bisher auf dem Markt befindlichen, technologischen Ansätze können diesen vielschichtigen Anforderungen nur eingeschränkt Lösungen gegenüberstellen. Daher wird im Rahmen dieser Arbeit untersucht, inwieweit Dioden- und Faserlaserstrahlquellen mit angepassten Emissionswellenlängen Antworten auf die gestellten Anforderungen geben können. Hierzu wird die Energiedeposition mittels Laserstrahlung anhand des zentralen Schritts des Fügens unter Einsatz von wellenlängen-angepassten Laserstrahlquellen betrachtet. Aus dieser Verfahrensvariante lassen sich dann wiederum auch andere Verfahren wie das laserbasierte Schneiden ableiten. Um die Eignung von wellenlängenangepassten Laserstrahlquellen für das Schweißen von Polymerfolien genauer zu untersuchen, werden Aspekte der Wechselwirkung der eingestrahlten Laserstrahlung mit den einzelnen Schichten eines Polymerfolienverbundes und die sich daraus ableitenden Wärmeleitungsvorgänge physikalisch beschrieben und untersucht. Die Betrachtung und Beweisführung erfolgt dabei sowohl anhand von Simulationen zur Strahlpropagation und Wärmeleitung im 3D Raum als auch an bildgebenden Thermografieaufzeichnungen und Dünnschnitten an physischen Schweißproben. Der Einsatz in der Produktion erfordert zudem Aussagen über den Einfluss von einzelnen Prozessparametern auf den Fügeprozess. Hierzu werden experimentelle Untersuchungen an marktüblichen und repräsentativen Polymerfolien durchgeführt. Den Anforderungen an Qualitätssicherheit wird mit Untersuchungen zu geeigneten infraroten, thermografischen, spektralen und bildgebenden Sensoren Rechnung getragen. Perspektivisch erfolgt die Betrachtung eines hybriden und simultanen laserbasierten Füge- und Trennprozesses für mehrschichtige Polymerfolien.

Abstract

Polymer films are used in many areas of industry. Polymer films are an outstanding option, especially where flexible and cost-effective implementations are required. The spectrum of applications for polymer films ranges from packaging technology, medical technology and the automotive sector to high-end applications in the field of OLED/OPV encapsulation. Polymer films are mostly developed for the individual application in order to obtain the greatest possible intersection for the defined given property requirements. A significant proportion of the polymer films used are transparent to the human eye. In addition to aesthetic and sales promotion aspects, this also has safety-related reasons. In the encapsulation of flexible OLEDs or OPVS, transparency is mandatory due to technical constraints. Usually, the previously specially developed films are produced in rolls by specialized manufacturers and then only further processed independently at the user or goods producer. The central step in a further processing operation is joining. In joining, a polymer film is welded to itself or to another joining partner, for example to of a cup. Tools with a geometrically fixed shape, e.g., heat-sealing jaws or ultrasonic rollers, are established for this purpose. Increasingly, aspects of format flexibility, resource efficiency and quality are playing an important role in the selection of technologies for the further processing of polymer films. These are requirements for the number of products down to batch size one, minimization of the variety of polymers used in a film composite to achieve better recyclability, and reproducible and quality-relevant verifiable joints to increase product safety. The technological approaches available on the market to date can only offer limited solutions to these complex requirements. Therefore, this thesis investigates the extent to which diode and fiber laser systems with adapted emission wavelengths can provide answers to these requirements. For this purpose, energy deposition by means of laser radiation is considered based on the central step of joining using wavelength-matched laser beam sources. From this process variant, in turn, other processes such as laser-based cutting can be derived. To investigate the suitability of wavelength-matched laser beam sources for welding polymer films in more detail, aspects of the interaction of the irradiated laser radiation with the individual layers of a polymer film composite and the resulting heat conduction processes are physically described and investigated. The observation and demonstration are based on simulations of beam propagation and heat conduction in 3D space as well as on imaging thermographic recordings and thin sections of physical weld specimens. The application in production also requires statements about the influence of individual process parameters on the joining process. For this purpose, experimental investigations are carried out on commercially available and representative polymer foils. The requirements for quality assurance are considered with investigations into suitable infrared, thermographic, spectral and imaging sensors. In the future, a hybrid and simultaneous laser-based joining and separation process for multilayer polymer films will be considered.

Danksagung

Die vorliegende Dissertation ist im Rahmen meiner Tätigkeit als wissenschaftlicher Mitarbeiter, Teamleiter und Gruppenleiter am Fraunhofer-Institut für Lasertechnik ILT entstanden. Zunächst möchte ich mich bei meinem Doktorvater Herrn Prof. Häfner für die hervorragende Betreuung, die Schärfung der Arbeit und das Stellen der richtigen Fragen bedanken. Herrn Prof. Hopmann danke ich für die Übernahme des Zweitberichters und den sehr hilfreichen Input aus der Sicht eines Kunststoffexperten. Herrn Prof. Poprawe gilt mein Dank für die interessanten Gespräche und die Grundsteinlegung für den Inhalt dieser Arbeit.

Ich möchte mich bei Herrn Prof. Arnold Gillner bedanken für die sehr hilfreichen Anmerkungen und das unbezahlbare Wissen, dass ich über die ganzen Jahre bei unserer gemeinsamen Tätigkeit in der Lehre erhalten durfte.

Dr. Alexander Olowinsky gilt ein besonderer Dank. Er hat mich von Beginn bis zur Fertigstellung dieser Arbeit immer unterstützt, Diskussionen mit mir geführt und vor allem mir die Freiheit und den Raum gegeben mich forschungstechnisch umfassend mit dem Thema der Dissertation auseinanderzusetzen.

Bedanken möchte ich mich auch bei meinen Kollegen Ralph Jänchen und Gregor Wendt vom Fraunhofer IVV Dresden. In zahlreichen Meetings, Treffen und Projekten haben wir gemeinsam die Welt der Lasertechnik und der Verpackungstechnik näher zusammengebracht, gerade die unterschiedlichen Backgrounds haben sich hier sehr gut ergänzt.

Meinen direkten Kolleginnen und Kollegen, Friederike Brackmann, Stefan Behrens, Dr. Christian Hördemann, Ludwig Pongratz, Dr. Phong Nguyen, Dr. Viktor Mamuschkin, Dr. Kira van der Straeten und Christoph Engelmann, danke ich für die motivierte und vertrauensvolle Zusammenarbeit in diversen Projekten und im Laboralltag. Gerade der kontinuierliche Austausch und die gegenseitige Unterstützung hat viele Erkenntnisse mit sich gebracht. Bei Matthias Poggel bedanke ich mich für den sehr hilfreichen Austausch mit Fokus auf die industrielle Realisierbarkeit.

Ich bedanke mich bei den Studierenden, deren Abschluss- oder Projektarbeit ich betreuen bzw. mitbetreuen durfte und die alle mit ihren Arbeiten einen sehr wertvollen Beitrag geleistet haben. Hier sind unter anderem zu nennen: Stephan Straaten, Tim Elvert, Christian Fritschen, Ruiqi Peng, Maurice Gottschalk, Ronald Janzen, Alexander Pelzer, Phong Nguyen, Christopher Krautwig, Markus Stöckmann, Stefan Quach, Fabio Bußmann und Michel Gauder.

Dank geht auch an meine motivierten studentischen Mitarbeiterinnen und Mitarbeiter, die mich bei meiner Forschungstätigkeit fortlaufend über Jahre verlässlich unterstützt haben: Friederike Brackmann, Stefan Behrens, Lasse Peters, Jennifer Pille, Christopher Rösel, Vincent Sima, Stanislav Kim, Julia Meyer, Thorsten Boße, Pia Dahm, Christiane Duwe, Martin Gillner, Talout Naas, Michael Shewarega, Yannik Haufe und Jan Ole Tobias.

Meiner Lebensgefährtin und unserem Sohn gilt mein Dank für die Unterstützung über Jahre hinweg, besonders in den zeitintensiven Phasen der Fertigstellung. Meinen Eltern und Großeltern danke ich für die Ermöglichung des Studiums und die fortwährende Unterstützung bis zur Abgabe dieser Arbeit. Meinem Bruder danke ich für den intensiven technisch-wissenschaftlichen Austausch.

Diese Arbeit wäre ohne Fördermittel nicht realisierbar gewesen. Auszüge aus verschiedenen Projektergebnisse sind mit in die Erstellung der vorliegenden Arbeit eingeflossen. Bedanken möchte ich mich bei der Leitmarktagentur NRW (EFRE NRW Projekte „Flexlas", „PhotonFLex", „EffiLayers", „KonFutius", „Sequlas"), bei der AiF und dem DVS („Laserdurchstrahlfügen"), beim BMBF („ProSolitBat") und bei der Fraunhofer Gesellschaft für ein internes mittelstandsorientiertes Eigenforschungsprojekt („MEF").

Abschließend gilt mein Dank allen Kolleginnen und Kollegen am Fraunhofer ILT für diesen offenen, hilfsbereiten und loyalen Umgang untereinander. In meinen Augen ein sehr bedeutender Faktor bei der Erstellung dieser Arbeit.

Maximilian Brosda

Aachen, Juli 2024

Inhalt

Abkürzungen und Formelzeichen

Abkürzungen

Abkürzung	Bedeutung
Al	Aluminium
AlO_2	Aluminiumoxid
APET	Amorphes Polyethylenteraphthalat
BOPP	Biaxial orientertes Polypropylen
Cast PP	Ungerecktes Polypropylen
CO_2	Kohlendioxid
Copo	Copolymer
CW	Dauerstrich (continuous wave)
DIN	Deutsche Industrienorm
Er	Erbium
EVOH	Ethylen-Vinylalkohol-Copolymer
HD	High Density
HSL	Heißsiegellack
HV	Haftvermittler
IR	Infrarot
LD	Low Density
Met	Metall
NA	Numerische Apertur
Nd	Neodym
O_2	Sauerstoff
OLED	Organic Light Emitting Device
OPP	Orientiertes Polypropylen
OPV	Organic Photovoltaic Device
ORMOCER®	Anorganisch-organischen Hybridpolymere
OTR	Oxygen Transmission Rate
PA	Polyamid
PAF	Polyamidfolie
PAP	Papier
PC	Polycarbonat

PE	Polyethylen
PE	Polyethylen
PEEK	Polyetheretherketon
Peel	Peelbare Siegelschicht
PET	Polyethylenteraphthalat
PET_{12}/PE_{90}	Verbundfolie aus 12 µm PET und 90 µm PE
PLA	Polylactidacid
PP	Polypropylen
PS	Polystyrol
PTFE	Polytetrafluorethylen
SiOx	Siliziumoxid
SNF	Schweißnahtfestigkeit
SPP	Strahlparameterprodukt
T-Peel	Peeltest nach DIN EN 55529
Tm	Thulium
UV	Ultraviolett
WEZ	Wärmeeinflusszone
WVTR	Water Vapour Transmission Rate
WWZ	Wechselwirkungszeit
X/PE vs. PE/X	Schweißanordnung bei Verbundfolien
YAG	Yttrium-Aluminium-Granat
Yb	Ytterbium

Formelzeichen

Zeichen	Einheit	Bedeutung
$\boldsymbol{\alpha}$	Grad	Einfallswinkel zum Lot
$\boldsymbol{NA}$	-	Numerische Apertur
$\boldsymbol{M}^2$	-	Beugungsmaßzahl
$\boldsymbol{t}$	S	Meter
$\boldsymbol{s}$	M	Strecke
$\boldsymbol{T}$	°C	Temperatur
$\boldsymbol{P_L}$	W	Optische Laserleistung
$\boldsymbol{\lambda}$	M	Wellenlänge
$\boldsymbol{A}$	-	Absorptionsgrad
$\boldsymbol{R}$	-	Reflexionsgrad
$\boldsymbol{T}$	-	Transmissionsgrad
$\boldsymbol{I}$	W/m²	Intensität
$\boldsymbol{E_s}$	J/mm	Streckenenergie
$\boldsymbol{E_{sf}}$	J/mm²	Streckenflächenenergie
$\boldsymbol{v}$	m/s	Vorschubgeschwindigkeit
$\boldsymbol{d}$	M	Dicke eines Materials
$\boldsymbol{Q}$		Durchlässigkeit eines Polymers
$\boldsymbol{P_p}$		Permeability

1 Einleitung

1.1 Motivation

Thermoplastische Polymerfolien sind in einem breiten Spektrum unterschiedlicher industrieller Branchen von großer Bedeutung. Dies reicht von der Lebensmittelindustrie über die Medizintechnik, die Automobilindustrie bis hin zur Displayproduktion und Produktion flexibler organischer Elektronik [Fep13]. Den mengenmäßig größten Markt stellt dabei die Anwendung im Bereich der Verpackungstechnik dar. Wird die gesamte Kunststoffbranche betrachtet, stellt die Verpackungstechnik zudem das größte Anwendungsgebiet für Kunststoffe dar (vgl. Bild 1-1) [Sta22].

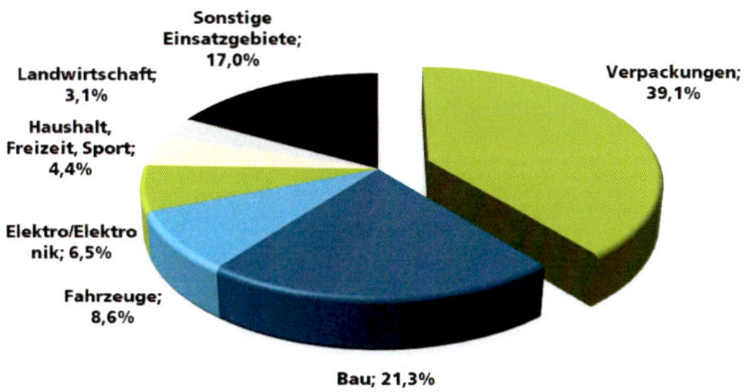

Bild 1-1: Absatzmärkte in Europa für Kunststoffe im Jahr 2021 nach unterschiedlichen Branchen nach [Sta22]

Die Anforderungen an eine moderne Verpackung nehmen stetig zu und der globale Warenhandel intensiviert sich [Wto22]. Verpackte Waren legen weite interkontinentale Strecken zurück. Die verpackten Güter werden, im Falle von elektronischen Geräten, zunehmend sensitiver gegen Außeneinflüsse [Zve13]. Für einen ausreichenden Schutz sind angepasste mehrschichtige Foliensysteme notwendig, die wiederum, aufgrund ihrer Materialvielfalt, höhere Anforderungen an ihre Verarbeitung stellen. Eine Produktverpackung erfüllt zudem nicht die alleinige Aufgabe das Produkt zu schützen, sondern dient auch als marketingtechnische Werbe- und Informationsplattform. Produktverpackungen werden für höherpreisige und wertige Produkte zunehmend zu Designobjekten, die die Käufer mit der

Marke verbinden sollen [Kor17; Oss01]. Der Trend geht zudem zu einer individualisierten Verpackung [Lau24, Fes24, Mux16] womit die Losgröße sich reduziert und gegen eins streben kann. Moderne Produktverpackungen sollen mit dem Verbraucher kommunizieren und müssen in einer alternden Gesellschaft zudem auch einer „Easy-Opening" Funktionalität, einem Öffnen des Produktes auch mit geringem Kraftaufwand, bei gleichzeitigem Schutz des Produktes während des Transportes gerecht werden [Ivl11, Buc99].

Die Industrie 4.0 Bewegung verlangt nach formatunabhängigen und hochflexiblen Verpackungsprozessen [Jän14]. Dabei stehen insbesondere auch Fragestellungen der Effizienz und Nachhaltigkeit der eingesetzten Ressourcen im Fokus. Dies betrifft den Ursprung der eingesetzten Polymere aber auch die benötigte Energie für Fügeprozesse von Polymerfolien. Verbraucher beziehen diese Faktoren bei ihrer Kaufentscheidung zunehmend mit ein [Pos21; Buc99].

Durch die digitale Vernetzung und dem damit verbundenen internationalen Warenverkehr ist eine eindeutige und fälschungssichere Kennzeichnung des Produktes zunehmend von hoher Bedeutung, besonders wenn es sich um sensible Güter wie Medikamente handelt [Bay23]. Neueste Normierungen und Standards, wie sie in der Medizintechnik durch die Europäische Union vorgeschrieben sind, erfordern zudem eine Pflicht der Dokumentation der Produktion und Rückverfolgbarkeit eines Produktes [Mpg20]. Hierfür müssen schon in der Produktion neue Möglichkeiten der Qualitätssicherung geschaffen werden, die idealerweise eine 100 % Prüfung ermöglichen.

Zum 05.07.2017 ist ein für die Bundesrepublik Deutschland geltendes Verpackungsgesetz erlassen worden und zum 01.01.2019 in Kraft getreten. Dieses hat zum Ziel, die Auswirkungen von Verpackungsabfällen auf die Umwelt deutlich zu reduzieren, indem als Hauptinstrument die Recyclingquoten erhöht werden sollen. Um diese gesetzlichen Vorgaben einzuhalten, ist die Verpackungsindustrie gefordert ihre bisherigen Produkte entsprechend anzupassen. Potenzielle Lösungsansätze reichen dabei von der Reduzierung der im Materialverbund enthaltenen Materialvielfalt bis hin zum Einsatz von neuen ressourcenschonenden und nachhaltigen Biopolymeren.

Infolgedessen ändert sich auch das Anforderungsprofil an den Fügeprozess. Weitverbreitete und etablierte Verfahren, wie das Heizelementschweißen, sind technologisch durch ihre Energieeinbringung mittels Wärmepropagation von außen in die Fügezone limitiert. Dies führt zu einer thermischen Belastung des gesamten Folienverbundes. Die lokale Deposition von Wärme, selektiv in nur eine einzelne Schicht, ist dadurch nicht realisierbar. Das Ultraschallschweißen lässt eine Selektion zu, begrenzt auf den Berührungspunkt der Polymerfolien in der Fügezone. Die thermische Belastung des gesamten Folienverbundes kann so eliminiert werden. Die zunehmend an Bedeutung gewinnende Formatflexibilität lässt sich bei beiden Verfahren aber nur durch einen Tausch der Werkzeuge realisieren. In Verpackungsprozessen, in denen zudem eine hohe Präzision bezogen auf die Siegenaht- bzw. Schweißnahtbreite erforderlich ist, sind die beiden Verfahrensprinzipien limitiert. Typische Anwendungen sind hier die Verpackung/Verkapselung von organischer Elektronik oder die Deckelung von Mikrofluidikchips im Medizinproduktebereich. Demzufolge sind neue technologische Lösungsansätze erforderlich. Idealerweise sollte dabei sowohl eine Verbesserung der Selektivität als auch der Präzision erfolgen. Einen vielversprechenden Verfahrensansatz stellt das Fügen mittels Laserstrahlung dar. Mit dem Werkzeug Laser kann eine hohe Formatflexibilität bei gleichzeitiger sehr gut steuerbarer Energiedeposition, sowohl bezogen auf die Schicht im Folienverbund als auch die Breite der Schweißnaht, erreicht werden. Durch geeignete und schnelle Strahlablenkungssysteme kann zudem eine Hochgeschwindigkeitsbearbeitung z.B. für Rolle zu Rolle Anwendungen realisiert werden. Die gute Zugänglichkeit der Wechselwirkungszone zwischen Laserstrahlung und Polymerfolie ermöglicht den komfortablen Einsatz von Prozesssensorik im Sinne der Industrie 4.0.

1.2 Vorgehen - Methodik - Wissenschaftliche Fragestellungen

Um hierfür ein detailliertes Grundprozessverständnis zu erlangen, widmet sich diese Arbeit der für diesen Prozess elementaren zugrunde liegenden Fragestellung:

Welche Wechselwirkungsprozesse finden zwischen Laserstrahlung und einer mehrschichtigen Polymerfolie statt und wie lassen sich diese beeinflussen, um eine gewünschte selektive Energiedeposition zu erzielen?

Diese Arbeit beschränkt sich hierfür, bis auf wenige Ausnahmen, primär auf mehrschichtige Thermoplastfolien. Des Weiteren werden in dieser Arbeit nur Fälle betrachtet, bei denen die gesamte Polymerfolie innerhalb der Rayleighlänge der fokussierten Laserstrahlung liegt. Das Fügen von Mono-Polymerplatten mit wellenlängenangepassten Laserstrahlquellen wurde unter anderem von V. Mamuschkin [Mam20] sowie P. Nguyen [Ngy23] in Dissertationen untersucht.

Spezialisierte Untersuchungen im Bereich der Polymerfolien gibt es bisher nur zum Einsatz von klassischen CO_2-Laserstrahlquellen zum Schweißen von Verpackungen [Jon02; Coe00]. Diese eignen sich aber nur für sehr dünne Folien, bei denen die Gesamtdicke unterhalb der optischen Eindringtiefe von infraroter Laserstrahlung von CO_2-Gaslasern liegt [Jon02]. Zudem erfordert der Einsatz von CO_2-Laserstrahlquellen eine aufwendige Strahlführung. Dies gilt ebenfalls, wenn diese Strahlquellen für Schneidprozesse eingesetzt werden. Hingegen sind sowohl für die Nutzung der wellenlängenangepassten Laserstrahlquellen zum Laserschneiden von Polymerfolien als auch für den simultanen Prozess bisher keine Untersuchungen bekannt. Da entgegen den konventionellen Siegel- und Fügeverfahren bei laserbasierten Verfahren die Energiedeposition optisch über das Prinzip der Absorption erfolgt, sind die optischen Eigenschaften der Polymerfolie von essenzieller Bedeutung [Bac02]. Polymere besitzen material- und wellenlängenabhängige Absorptionseigenschaften. Während Polymere im sichtbaren und infraroten Bereich bis 1500 nm eine geringe Absorption aufweisen, verfügen sie im nahen infraroten Bereich (1500 – 2000 nm vgl. Bild 1-2) über intrinsische Absorptionsbanden und Bereiche höherer Absorption.

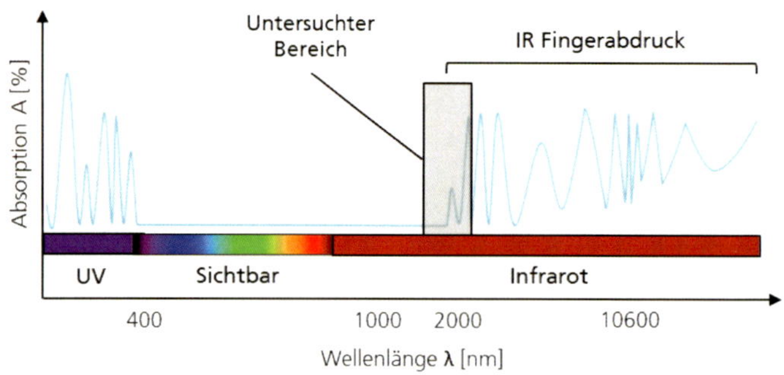

Bild 1-2: Beispielhafter Verlauf der Absorption bei einem Polymer über der Wellenlänge mit in dieser Arbeit untersuchten Bereich

Aufgrund des materialabhängigen Absorptionsverlaufes lassen sich Polymertypen auch anhand des sogenannten IR-Fingerabdrucks eindeutig identifizieren. Werden jetzt Laserstrahlquellen verwendet, deren Emissionswellenlängen im Bereich von 1500 – 2000 nm liegen, also deren Wellenlängen auf die Anwendung „angepasst" sind, können diese Absorptionsbanden adressiert werden. Dadurch ist eine direkte Energiedeposition im Polymer ohne dessen Modifikation möglich.

Die Charakterisierung und Steuerung der Energiedeposition stellt das zentrale Element dieser Arbeit dar. Deshalb erfolgen die Untersuchung und Darstellung anhand von drei sukzessiven Herangehensweisen aus denen abschließend dann anhand eines Fazits eine Bewertung vorgenommen wird.

Bild 1-3: Schematische Vorgehensweise innerhalb der vorliegenden Arbeit über drei sukzessive Schritte und Fazit

Zunächst werden mit Vereinfachungen und Annahmen die Aspekte der Strahlpropagation der eingestrahlten Laserstrahlung durch die einzelnen Monoschichten eines Polymerfolienverbundes und die sich hieraus ableitenden Wärmeleitungsvorgänge physikalisch beschrieben. Die Durchführung von experimentellen Untersuchungen stellt den zweiten konsekutiven Schritt dar. Hierbei werden bedeutende Parametereinflüsse und Einflussgrößen untersucht. Die weitergehende und detailliertere Betrachtung und Beweisführung erfolgt anschließend sowohl anhand einer aufgestellten Simulation zur Strahlpropagation und Wärmeleitung im dreidimensionalen Raum als auch an bildgebenden Thermografieaufnahmen und Dünnschnitten an physischen Proben. Dabei werden insbesondere Fragestellungen zur Mindestwechselwirkungszeit, zu Aufheizraten, zu Wärmeleitungsvorgängen und zu Temperaturverteilungen innerhalb der einzelnen Folienschichten untersucht und diskutiert.

Um das laserbasierte Fügen mit wellenlängenangepassten Laserstrahlquellen hinsichtlich der in der Motivation beschriebenen Anforderungen an eine moderne Verpackung zu beleuchten, werden experimentelle Untersuchungen sowohl an marktüblichen sowie in der Entwicklung befindlichen mehrschichtigen Thermoplastfolien aber auch Ultrahochbarrierefolien durchgeführt. Bearbeitungsprozesse von Polymerfolien müssen, besonders bei Rolle-zu-Rolle Verfahren, vielfach mit hoher Geschwindigkeit erfolgen. Daher ist es besonders wichtig, hier die Produktivität zu betrachten. Um Polymere miteinander zu verschweißen, ist eine ausreichende Energiedeposition bzw. Erwärmung notwendig. Zum Trennen sind ein Aufschmelzen bzw. direktes Verdampfen des Polymers gewünscht. In beiden Fällen ist hierfür eine definierte Energiemenge nötig. Inwieweit diese Energiemenge Randbedingungen unterliegt, beeinflusst und räumlich begrenzt werden kann, wird anhand der nachfolgenden Fragestellungen untersucht:

1. Wie lässt sich die Energiedeposition für ein mehrschichtiges Materialsystem beschreiben?

2. Ist eine präzise und selektive Energiedeposition in eine ausgewählte Schicht innerhalb eines Folienverbundes, ohne Beeinflussung der umliegenden Schichten möglich?

3. In welchem Bezug zueinander stehen dabei die Wechselwirkungszeit, die maximale Temperatur und die deponierte Energiemenge?

4. Ist es möglich, durch die Höhe der deponierten Energie die Naht- bzw. Peelnahtfestigkeit direkt zu beeinflussen?

5. Welche Limitationen gibt es hinsichtlich einer Erhöhung der Vorschubgeschwindigkeit und Skalierung der Größe der Bearbeitungsfläche?

Ein Einsatz der Lasertechnik in Produktionsumgebungen erfordert zudem Aussagen zu typischen verpackungstechnischen Problemstellungen, wie Lagensprünge, Mindestfügedruck, Schweißeignung marktüblicher Foliensysteme, Dickenschwankungen und Bahnschwankungen. Diese werden anhand von experimentellen Untersuchungen getroffen. Ziel ist es dabei, die als marktüblich fest geltenden Peelnahtfestigkeiten zu erreichen. Den Anforderungen an Qualitätssicherheit wird mit Untersuchungen zu geeigneten infraroten, thermografischen, spektralen und bildgebenden Sensoren Rechnung getragen. Da die Produktivität für eine industrielle Umsetzung der untersuchten laserbasierten Verfahren eine bedeutende Rolle spielt, wird die Steigerung der Produktivität durch Skalierung der Laserleistung und Parallelisierung sowie durch angepasste Prozesssystematik genauer diskutiert. Dabei wird untersucht, welche Aspekte zum Beispiel bei der Übertragung in einen Rolle-zu-Rolle Prozess berücksichtigt werden müssen. Untersucht wird auch, ob sich das laserbasierte Fügen und Trennen in einen simultanen Prozess zusammenführen lassen und wie diese Prozesse sich wiederum gegenseitig beeinflussen.

2 Grundlagen und Stand der Technik

2.1 Aufbau und Eigenschaften von ein- und mehrschichtigen Polymerfolien

Thermoplastfolien sind seit mehreren Jahrzehnten in verschiedenen Formen und Zusammensetzungen in vielen technischen Bereichen etabliert. Der Übergang von Membranen zu Folien und weiter zu Platten ist nicht klar definiert und fließend [Nen06]. Folien können mehr oder weniger flexibel sein und haben zumeist Dicken in einem Bereich von 2 µm bis 500 µm [Nen06]. Das größte Einsatzgebiet für Polymerfolien ist der Bereich der Verpackungstechnik [vgl. Bild 1-1]. Sie finden Anwendung als flexible Folienverpackungen, aber auch als Deckel- oder Verschlussfolien in der Lebensmittelindustrie, im Bereich der Konsumprodukte, der Haushaltsprodukte aber auch bei Medizin- sowie Kosmetikprodukten und in Industrie- sowie Transportanwendungen. Die verwendeten Polymerfolien im Verpackungssektor bestehen je nach Anwendungsfall aus einer oder mehreren Folienschichten. Einschichtige Polymerfolien werden dabei primär für einfache Verpackungen oder Umverpackungen von Gütern genutzt. Aufgaben sind hier z.B. der Schutz vor Verschmutzung, Licht oder Feuchtigkeit. Handelt es sich bei dem zu verpackenden Gut hingegen um ein Lebensmittel oder Produkt, bei dem durch eindringenden Sauerstoff in die Verpackung die Lagerfähigkeit des Produktes herabgesetzt wird, sind auch die Sperreigenschaften der Folie gegen Sauerstoff von Bedeutung.

Jedes Polymer bzw. jeder Werkstoff hat eine spezifische Permeabilität oder auch Barriere für Gase und Flüssigkeiten. Wichtige Kenngrößen zur Klassifizierung eines Werkstoffes ist hier die Oxygen Transmission Rate (OTR) bzw. Water Vapour Transmission Rate (WVTR). Die Durchlässigkeit einer Polymerschicht kann gemäß Formel **2.1** definiert werden [Dec02; Sch12]:

2.1
$$Q = \frac{P_p}{d}\ ;\ \left[\frac{g}{m^2 * d}\right]$$

Q = Durchlässigkeit der Polymerschicht; P_p = Permeabilität; d = Dicke der Polymerschicht

Die DIN 53380-3 definiert bei der Messung OTR eine Temperatur von 23°C und eine relative Feuchte von 50%. Um die Durchlässigkeit einer Polymerschicht zu verringern, kann die Permeationslänge, also die Dicke der Polymerschicht, soweit erhöht werden, bis der gewünschte Wert erreicht wird. Da dies zu einem unrentablen Foliendesign und stark eingeschränkter Flexibilität führen würde, werden für Applikationen, bei denen die Permeabilität von Bedeutung ist, mehrschichtige Foliensysteme eingesetzt. Dabei gilt, dass die Summe aller einzelnen Folienschichten die Gesamtdurchlässigkeit ergibt (Formel **2.2**) [Dec02; Sch12]:

2.2

$$\frac{1}{Q_{Gesamt}} = \sum \frac{d_i}{P_i} = \frac{1}{Q_1} + \frac{1}{Q_2} + \frac{1}{Q_3} + \cdots + \frac{1}{Q_i}$$

Q_{Gesamt} = Durchlässigkeit der gesamten Multilayer-Folie; P_i = Permeationskoeffizient der Schicht i; d_i = Dicke der Schicht i

Je nach Zielanwendung kann durch den Aufbau eines mehrschichtigen Foliensystems, bestehend aus unterschiedlichen Polymeren, hierdurch ein passender Folienverbund zusammengestellt werden, der in der Gesamtbetrachtung die Barriereanforderungen erfüllt. Hierbei ist zu beachten, dass je nach Verpackungsgut eine bilaterale Betrachtung notwendig ist, da beispielsweise nicht nur ein Eindringen von Sauerstoff, sondern auch ein Austreten der Schutzatmosphäre, unter der das Produkt verpackt wurde, verhindert werden muss. Bild 2-1 zeigt gängige Polymere und deren Barriereeigenschaften.

Bild 2-1: Barriereeigenschaften verschiedener typischer Polymerwerkstoffe im Verpackungsbereich normiert auf eine Dicke von 100 µm bei 23°C [Sch12; Lan06]

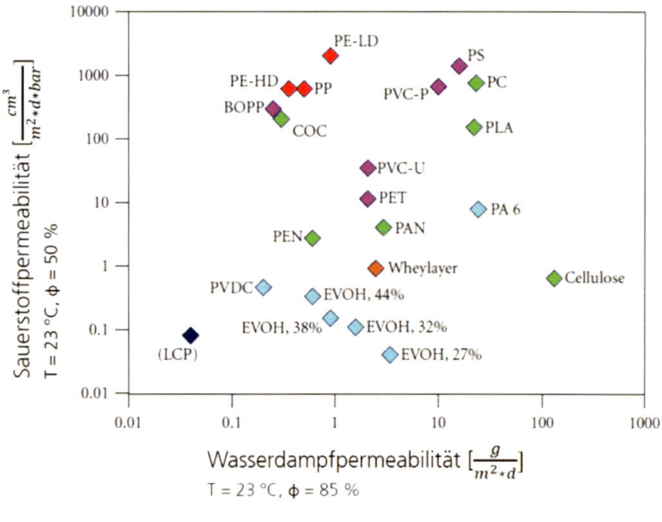

Vielfach eingesetzte Grundpolymere bei Foliensystem sind z.B. PE, PET, PA, EVOH etc. Als Barriereschicht können, sofern es die optischen Anforderungen zulassen, auch Metallfolien oder Silikate eingesetzt werden. Metalle und Silikate haben schon in Schichtdicken um wenige Mikrometer eine um drei Größenordnungen höhere Barriereeigenschaft als dies z.B. bei einem häufig eingesetzten Ethylen und Vinylalkohol Monomer (EVOH) der Fall ist. Neben den bisher verfügbaren Barrierematerialien werden auch Barriereschichten aus Molke, einem proteinbasiertes Biopolymer, entwickelt (Wheylayer) [Buc10].

Neben Barriereeigenschaften müssen Polymerfolien in der Regel weitere Anforderungen erfüllen, wie beispielsweise eine gute Bedruckbarkeit, optische Transparenz, Beständigkeit gegen Umwelteinflüsse, Flexibilität oder Festigkeit. Zur Erfüllung dieser Anforderungen können dem Folienverbund weitere Funktionsschichten hinzugefügt werden. Dies können Schutzschichten für z.B. ein stark hydrophiles EVOH sein, Schichten die z.B. die Haftung eines Werbeaufdruckes auf der Oberfläche begünstigen oder Trägerfolien, die zur Festigkeit des Folienverbundes beitragen [Nen06]. Eine wichtige Gruppe der Funktionsschichten sind Siegelschichten bzw. Heißsiegellacke. Die Siegelschicht wird bei einem späteren Siegelprozess im Rahmen des Abpackprozesses definiert aufgeschmolzen und mit der gegenüberliegenden Siegelschicht verbunden. Das Polymer der Siegelschicht, in den meisten Fällen ein PE, hat eine geringere Schmelztemperatur als die übrigen Folienwerkstoffe [Nen06]. Dadurch wird während des Siegelprozesses gezielt nur diese Folie aufgeschmolzen. Bei einer Siegelverbindung wird unterschieden zwischen einer festen Verbindung, die sich nur durch Delaminieren des Folienverbundes bzw. Zerstörung des Materials trennen lässt, und einer peelbaren, einer mit kleiner Kraft definiert zerstörbaren Verbindung im Sinne einer „Easy Opening" Verpackung [Ivl11]. Eine Sonderform stellt die peelbare wiederverschließbare Verbindung dar, die nach erstmaliger Zerstörung wiederverschlossen werden kann. Die Haftkräfte liegen nach dem Wiederverschließen merklich unterhalb der initialen Nahtfestigkeit [Ehr04]. Bild 2-2 zeigt exemplarisch den Aufbau eines marktüblichen Folienverbundes mit einer eingebrachten EVOH Barriereschicht, die von einer PET-Schicht auf der Oberseite und einer PE-Schicht auf der Unterseite, gegen Umwelteinflüsse geschützt ist. Zudem verfügt die Folie über eine Peelschicht im Siegelbereich für eine definierte Öffnungsbarkeit der Verpackung.

Bild 2-2: Exemplarischer Aufbau eines marktüblichen Folienverbundes für den Verpackungsbereich

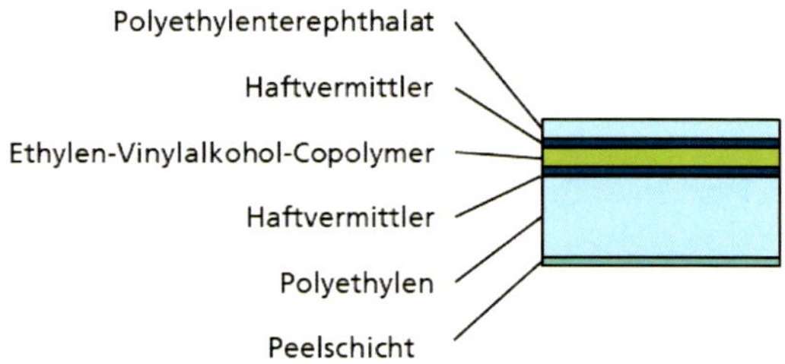

Die Herstellung von mehrschichtigen Thermoplastfolien erfolgt entweder durch Mehrschichtextrusion (Coextrusion), Extrusionsbeschichtung oder Kaschieren [Nen06]. Die Coextrusion stellt das wirtschaftlichste und gängigste Verfahrensprinzip zur Herstellung von Verbundfolien dar. Hierbei werden mehrere Polymere durch mehrere Extruder während des Folienherstellungsprozesses gleichzeitig extrudiert. Um eine ausreichende Haftung zu erreichen, können zusätzliche Haftvermittler zwischen die einzelnen Folienschichten während der Extrusion eingebracht werden. Bei dem Verfahrensprinzip des Kaschierens werden mindestens zwei bereits hergestellte Folien nachträglich flächig miteinander verbunden. Dies erfolgt z.B. durch einen Kaschierklebstoff. Dadurch lassen sich auch Folienverbunde aus verschiedenen Werkstoffen wie beispielsweise Aluminium, Pappe und Textilien produzieren, die sich für eine parallele Extrusion nicht eignen würden. Metallschichten können neben dem Kaschierverfahren auch durch Aufdampfen in den Folienverbund eingebracht werden. Durch die dargestellten Auswahlmöglichkeiten an geeigneten Werkstoffen und Verbindungsverfahren ergibt sich die Möglichkeit einen Folienverbund für die jeweilige Applikation zu komponierten.

Technische Biopolymerfolien

Da die Nachhaltigkeit innerhalb der Verpackungsbranche einen Megatrend darstellt und Verbraucher zunehmend auch umweltverträgliche Verpackungen fordern (vgl. Kapitel 1.1), erfahren technische Biopolymere auch in diesem Sektor ein stetiges Wachstum [Ces23]. Die Begriffsdefinition eines Biopolymers ist dabei nicht eindeutig einer einzigen Materialgruppe zugeordnet. Ein Polymer wird als Biopolymer klassifiziert, wenn es entweder biologisch abbaubar oder eines biobasierten Ursprungs ist [End11]. Hieraus ergeben sich somit zu den bekannten und etablierten nicht biologisch abbaubaren petrochemischen Polymeren A, drei weitere Materialgruppen B-D (vgl. Bild 2-3).

Bild 2-3: Definition von Biopolymere anhand ihres Ursprungs bzw. ihrer Recyclingfähigkeit in einem Koordinatensystem [End11]

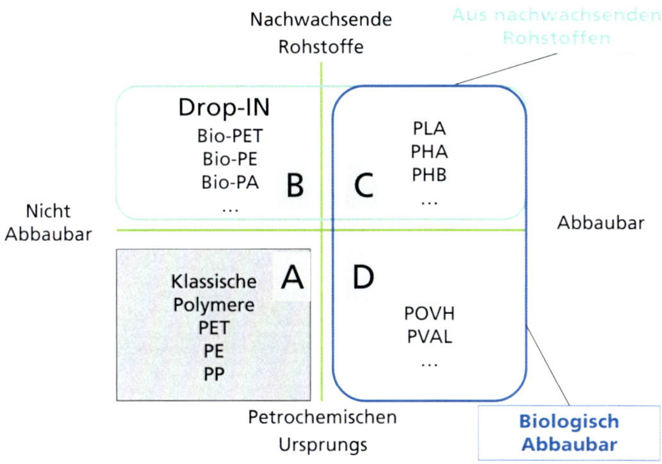

Basierend auf nachwachsenden Rohstoffen (B) bedeutet, dass ein Rohstoff nicht petrochemischen Ursprungs ist, sondern aus nachwachsenden Rohstoffen wie Bäumen und landwirtschaftlichen Produkten auf Zellulosebasis wie Getreide, Hülsenfrüchten, Zuckerrohr und Ölpflanzen, aber auch Abfall gewonnen wird. Aktuelle Entwicklungen und Umsetzungen, auch getrieben durch die Einführung des neuen Verpackungsgesetzes, beschäftigen sich, unter Beibehaltung der etablierten Verarbeitungswege, mit der Substitution der petrochemischen Rohstoffe durch neue biobasierte Rohstoffe. Diese Substitutionsmethode wird in einigen Sparten der Verpackungstechnik bereits großtechnisch angewendet. Ein Polymer hingegen ist als biologisch abbaubar einzustufen (D), wenn es unter technischen Bedingungen von Mikroorganismen wie Bakterien, Pilzen oder Protozoen durch Fermentation abgebaut werden kann [Cha98]. Ein abbaubares Polymer kann dabei auch petrochemischen Ursprungs sein und durch eine gezielte Einbindung von funktionalen Gruppen abbaufähig werden. Abbaubare und zugleich biobasierte Biopolymere (C) werden aus erneuerbaren Ressourcen hergestellt und sind zudem direkt biologisch abbaubar. Eine spezielle Modifikation, um eine Abbaubarkeit zu erreichen, ist nicht erforderlich. Polylactid (PLA) ist das bekannteste Polymer aus dieser Gattung und bezogen auf alle Biopolymergruppen das am meisten verbreitete. Eingesetzt wird es international zur Produktion von Verpackungstüten und Müllbeutel, aber auch auf Grund seiner hervorragenden Biokompatibilität im Implantatsektor. Stöhr et al. beschreiben bei der Verarbeitung von PLA im Bereich der Verpackungstechnik aufgrund der niedrigeren Glasübergangstemperatur ein verkleinertes Prozessfenster, das sich aber über eine Additivierung beeinflussen lässt [Stö14]. Als biobasierte Alternative für eine Barriereschicht, um so ein modernes vollständiges biobasiertes mehrschichtiges Foliensystem aufbauen zu können, erforschen Cinelli et al. Molke hinsichtlich ihrer Barriereeigenschaften. Dabei konnten mit dieser sogenannten Wheylayer® Schicht erfolgreich ausgezeichnete Barriereeigenschaften nachgewiesen werden [Cin16].

Ultrahochbarrierefolien

Die derzeitige High End Anwendung von Polymerfolien stellt die Verkapselung von flexibler organischer Elektronik dar. Anders als in den übrigen beschriebenen Applikationen sind hier deutlich höhere Anforderungen an die optischen Eigenschaften und das Permeationsverhalten der Folie gestellt. So liegen die Anforderungen an die OTR um drei und für die WVTR um vier Größenordnungen höher, um die hoch empfindlichen Baugruppen ausreichend zu schützen, als dies bei Lebensmittelverpackungen mit Barriereschicht der Fall ist (Bild 2-4) [Fah10]. Ein Eindringen von Sauerstoff bzw. Wasser würde zu einer Degradation des Produktes und damit zu einer Lebensdauereinschränkung oder Zerstörung führen. Für diese Klasse der Polymerfolien hat sich der Begriff der Ultrahochbarrierefolien etabliert Nen06]. Für viele Anwendungen ist neben den hohen Barriereeigenschaften zusätzlich noch eine hohe Transmissionsrate in spezifischen spektralen Bereichen erforderlich ist, um die Funktion des Produktes zu gewährleisten. Dies ist beispielsweise bei flexibler organischer Photovoltaik, flexiblen organischen Light Emitting Diodes (OLED) oder flexiblen Displays der Fall. Um alle diese hohen Anforderungen zu realisieren, erforscht unter anderem Fahlteich ein Foliensystem aus transparenten organischen und anorganischen Schichten, die mit weiteren Funktionsschichten kombiniert werden (Bild 2-4) [Fal10].

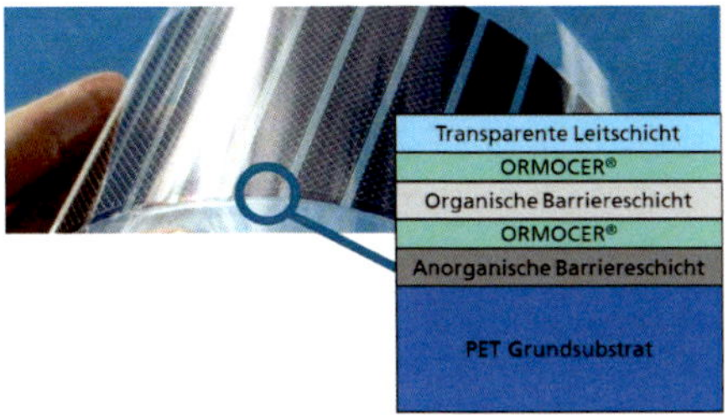

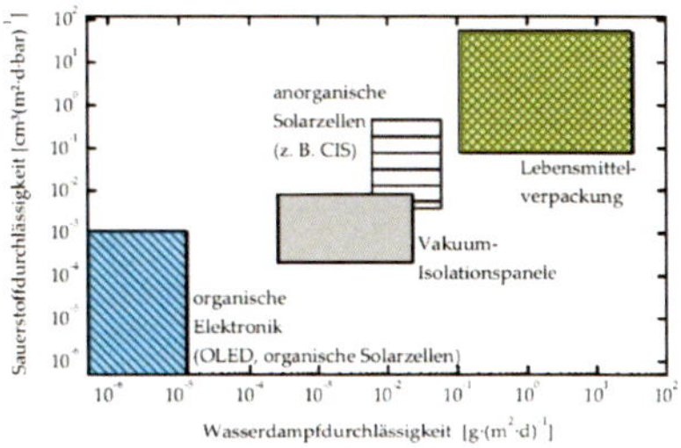

Bild 2-4: Anwendung, Verkapselungsanordnung und schematischen Schichtaufbau von Ultrahochbarrierefolien [Pol12] (l); Einordnung der Anforderung bei der Verkapselung von organischer Elektronik [Fal10] (r);

Aufbauend auf einem PET-Grundsubstrat, das zum einen biegeflexibel ist und zum anderen aufgrund seiner hohen Schmelztemperatur die erforderlichen Beschichtungsprozesse ermöglicht, werden keramische Schichten wie Siliziumoxid, Metalloxide wie Aluminiumoxid oder Mischsysteme aus anorganisch-organischen Barriereschichten, bestehend aus hybriden Polymeren, aufgebracht [Nen06]. Die genannten Barrieresysteme weisen dabei alle eine hohe visuelle Transparenz auf. Der Organically Modified Ceramics (ORMOCER©) Auftrag kann neben dem Aufdampfen beispielweise auch als Sprühauftrag erfolgen. Eine Aufbringung mehrerer dünner Schichten ist auch unter dem Aspekt der wiederholten Biegefähigkeit beim späteren Produkteinsatz ohne Beschädigung der Barriereschichten zielführend. Mit dem vorgestellten Foliensystem können Barrierewerte von $2x10^{-4}$ g/(m²d) gegen Sauerstoff erreicht werden [Pol12]. In der Anwendung wird das zu schützende organische Objekt, wie in Bild 2-4 gezeigt, beispielsweise beidseitig von der Ultrabarrierefolien umschlossen und umlaufend im Berührungsbereich verbunden.

2.2 Wichtige konventionelle Ver- und Bearbeitungsmethoden von Polymerfolien

Die Weiterverarbeitung von Polymerfolien stellt in vielen Fällen eine Prozesskette dar. In Bild 2-5 ist exemplarisch eine Prozesskette für eine Blisterabpackung im Medizinproduktebereich dargestellt. Die für die einzelnen Prozessschritte etablierten technologischen Umsetzungen sind dabei unter den einzelnen Schritten aufgeführt. Den ersten Schritt stellt das Abspulen der Becherfolien dar. Anschließend erfolgt ein flächiges Erhitzen der gesamten Folienbahn oberhalb der Schmelztemperatur. Mittels eines

Druckluftbetriebenen Stempels die erwärmte und somit unformbare Polymerfolie in die Becherkavität gedrückt und so abgeformt. Diese wird im nachfolgenden Schritt mit dem Verpackungsgut befüllt. Oberseitig wird die Deckelfolie zugeführt, so dass die Siegelschichten aufeinander positioniert sind. Mit einer beheizten Siegelbacke werden die Deckelfolien und Becherfolie verbunden, ehe sie mit einem Trennmesser vereinzelt werden. Eingebrachte Perforationen erleichtern das Öffnen des Produktes. Je nach Produktgruppe erfolgt eine abschließende Prüfung und Kennzeichnung.

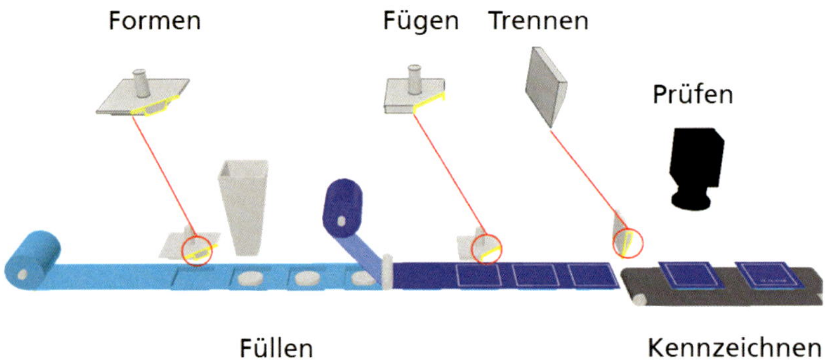

Bild 2-5: Exemplarische Prozesskette für einen Blisterabpackungsprozess im Bereich der Medizintechnik mit Benennung der wichtigsten Prozessschritte

Die gezeigte Prozesskette enthält dabei zwei in nahezu allen Verpackungsprozessen vorkommende typische zentrale Schritte, das Fügen und das Trennen. Die zwei relevantesten konventionellen und derzeit am Markt gebräuchlichen Verfahren zum Fügen zweier Polymerfolien sind das Wärmekontaktschweißen und das Ultraschallschweißen [Ehr04]. Bei dem Prozess des Wärmekontaktschweißens werden Heizelemente bzw. Heizplatten eingesetzt. Unter einem Fügedruck, der den Kontakt der beiden Siegelschichten gewährleistet, wird mittels dauerhaft beheizter Werkzeuge, den sogenannten Siegelbacken, für eine definierte Zeit Wärme in den Folienverbund eingebracht. Die Wärme propagiert von außen durch den Folienverbund und schmilzt die innenliegende Siegelschicht auf. Entscheidende Prozessgrößen sind dabei die Temperatur, der Fügedruck und die Zeit [Hsv81]. Durch die Wärmeausbreitung von außen durch den Folienverbund besteht die Möglichkeit, dass bei Auswahl ungeeigneter Parameter weitere Funktionsschichten als nur die Siegelschicht aufgeschmolzen werden und so deren Funktion beeinflusst wird. Durch die dauerhafte Heizung des Werkzeuges ist insbesondere die Wiederaufnahme der Produktion anfällig für Abweichungen, da die Oberflächentemperatur der Siegelbacke aufgrund eines ausbleibenden Wärmeabflusses durch den Siegelprozess erhöht ist. Die festdefinierten Geometrien erfordern bei einem Formatwechsel den Austausch der gesamten Siegelbacke.

Beim ebenfalls weit verbreiteten Ultraschallschweißen wird die zu fügende Folienpaarung zwischen einer Sonotrode und einem Amboss fixiert und mit Druck beaufschlagt. Der generierte Ultraschall breitet sich in Form von Vibrationen durch den Folienverbund aus. In den Berührungsflächen der Folien entstehen aufgrund der oszillierenden Bewegung zwischen oberer und unterer Folie Reibungswärme. Dadurch werden die Folien lokal in den Berührungsflächen, und damit in der Siegelschicht, aufgeschmolzen [Ehr04]. Die Wärme muss bei diesem Verfahren nicht wie beim Wärmekontaktschweißen zunächst durch den Folienverbund bis zu Wirkstelle propagieren. Somit entsteht keine thermische Belastung der übrigen Schichten. Beiden Verfahren gemein ist die definierte Werkzeuggeometrie der jeweiligen Andruckbacke bzw. Sonotrode, wodurch eine Formatanpassung zwingend mit einem Werkzeugwechsel verbunden ist. Die Begrifflichkeiten des Schweißens und Siegelns unterscheiden sich ursprünglich darin, dass eine Folie direkt schweißbar (Polymer) bzw. nicht schweißgeeignet (Aluminium) ist und erst durch z.B. Aufbringung eines Siegellacks, siegelbar gemacht werden konnte. In der Verpackungstechnik hat sich die Begrifflichkeit des Siegelns aber heutzutage sowohl für die Schweiß- als auch die Siegelverbindungen etabliert und kann nicht mehr scharf abgegrenzt werden.

Der konsekutive nächste Schritt nach dem Fügen ist das Vereinzeln der Abgepackten Güter (vgl. Bild 2-5). Als Trennverfahren wird hier das Schneiden mittels Messer oder Stanze genutzt. Aufgrund der geometrisch definierter Schneide sind nur lineare bzw. Schnitte gemäß der Werkzeugkontur möglich. Bei Rolle-zu-Rolle-Prozessen und Trennaufgaben in Maschinenrichtung / Längsrichtung werden auch feststehenden Klingen eingesetzt. Entsprechende Werkzeuge unterliegen einem Verschleiß und müssen in Intervallen, abhängig von der Produktionsmenge, Instand gesetzt werden.

Auf dem Markt sind auch Kombinierte Füge-Trenn Verfahren verfügbar. Hier erfolgen beide Arbeitsschritte in einer Station, was wiederum die produktionskette verkürzt. Beim Verfahren des Trennschweißens erfolgt die Trennung der Folien mittels erhitzten Drahtes [Hom24]. Durch den direkten Kontakt und die Wechselwirkungszeiten zwischen Draht und Folien werden die um die Trennfuge liegenden Bereiche aufgeschmolzen und die Folien in diesen Bereichen verschweißt. Die Geometrie des Drahtes und die erforderliche Drahtspannung ermöglichen allerdings nur gradlinige Schnittgeometrien. Zudem können im direkten Wechselwirkungsbereich mit dem Draht Verschmutzungen an der Schnittkante durch degradierten und karbonisierten Kunststoff entstehen. Ebenfalls industriell genutzt wird das Ultraschall-Trennschweißen [Son24; Tel24]. Hierbei wird kann das Trennschweißen kontinuierlich mittels Rollnahtmodul oder getacktet durch eine ortsfeste Sonotrode mit eingearbeiteter Schneidgeometrie erfolgen [Son24]. Die aufgeführten Prozesse zum Fügen und Trennen sowie auch der Kombiprozess ermöglichen in ihrer derzeitigen Umsetzung eine hohe Ausbringungsmenge, bieten aber in Richtung einer individuellen formatflexiblen Produktion nur eingeschränkte Möglichkeiten. Insbesondere wenn Stückzahlen in Richtung eins streben (vgl. 1.1), ist ein ständiger Wechsel der Konturen infolge von zwangsläufigem Werkzeugwechsel immer mit Kosten verbunden.

2.3 Laserdurchstrahlschweißen

2.3.1 Laserdurchstrahlschweißen mit angepassten Strahlquellen

Anders als beim Laserdurchstrahlschweißen mit einer Modifikation des Werkstoffes muss bei dem in dieser Arbeit verwendeten Prinzip des Laserdurchstrahlschweißens mit einer wellenlängenangepassten Laserstrahlquelle keine Modifikation der Polymerfolie vorgenommen werden (vgl. $A = f(\lambda)$, Bild 1-2). Dadurch ist eine Energiedeposition im Polymer ohne dessen Modifikation möglich. Der Wert des Absorptionskoeffizienten, also das Absorptionsvermögen eines Polymers, ist von der Wellenlänge, dem Material und von eventuell beigemischten Additiven abhängig. Der Wert des Absorptionskoeffizienten gibt an, ob es sich bei dem Polymer um ein größtenteils transparentes Polymer (α bis zu 10^3 1/cm), einen Volumenabsorber (α in Größenordnung der Materialdicke) oder einen Oberflächenabsorber ($\alpha = 0$, oder annähernd 0) handelt [Bac02]. Polymere haben über den Wellenlängenbereich stark schwankende Absorptionswerte. Die schwankenden Absorptionswerte lassen sich auf Ober- und Kombinationsschwingungen von im Polymer enthaltenen Atom- und Molekülbindungen zurückzuführen. Diese intrinsischen Absorptionseigenschaften von Polymeren nutzt das in dieser Arbeit verwendete Verfahren der Laserbearbeitung mit wellenlängenangepassten Strahlquellen aus. Mit geeigneten Strahlquellen (vgl. Kapitel 3.2) werden die Absorptionsbereiche adressiert. Absorptionsbereiche wichtiger Bindungen sind nachfolgend tabellarisch dargestellt:

Bild 2-6: Anregungswellenlängen wichtiger Bindungen in Polymeren im betrachteten Bereich nach [Hän01]

Molekülstruktur	Zweite Harmonische [nm]	Dritte Harmonische [nm]	Vierte Harmonische [nm]
CH_3 asymetrisch	1717-1728	1156-1164	879
CH_2 asymetrisch	1738-1750	1170-1178	890
CH_3 symetrisch	1770-1783	1192-1200	907
CH2 symetrisch	1782-1795	1200-1209	913
CH	1759-1772	1185-1193	901
RCH=CH2	1678-1695	1130-1142	861
C-H	1539	1037	786
CH-Aromaten	1684	1134	859

Mit zunehmender Harmoniestufe wird die Absorption geringer. In dieser Arbeit werden vor allem die zweiten Harmonischen mit passenden Laserwellenlängen adressiert.

Die beiden zu schweißenden Polymerfolien werden wie beim Prinzip des klassischen Laserdurchstrahlschweißens in einer Überlappanordnung positioniert und zur Erreichung eines technischen Nullspaltes mit einer Fügekraft beaufschlagt. Bild 2-8 zeigt verschiedene technische Umsetzungen des Laserdurchstrahlschweißprozesses. Die oberhalb der Folien-Überlapp-Anordnung befindliche Laseroptik wird beim Ansatz des Konturschweißens entlang der gewünschten Kontur bewegt. Dabei wird der von oben auftreffende Laserstrahl bei der Propagation durch das Polymer im Volumen absorbiert. Um infolgedessen ein Aufschmelzen an der Oberfläche zu verhindern, werden Laseroptiken mit einer hohen numerischen Apertur eingesetzt [Mam13; Dev11, Bro16, Bog13]. Ziel ist es, durch die starke Fokussierung die Grenzintensität, die nötig ist, um das Polymer aufzuschmelzen, erst im Bereich der Fügeebene zu erreichen. Alternative Verfahrensansätze setzen quasisimultane Bestrahlungsstrategien ein. Mit einem galvanometrischen Scanner wird ein Laserstrahl mit mehreren m/s über das Bauteil bewegt und bestrahlt somit die Kontur annähernd simultan (vgl. Bild 2-8 c).

Bild 2-7: Verfahrensprinzip des Kontur-, Globo- und Quasi-Simultan Laserdurchstrahlschweißen von Polymerfolien

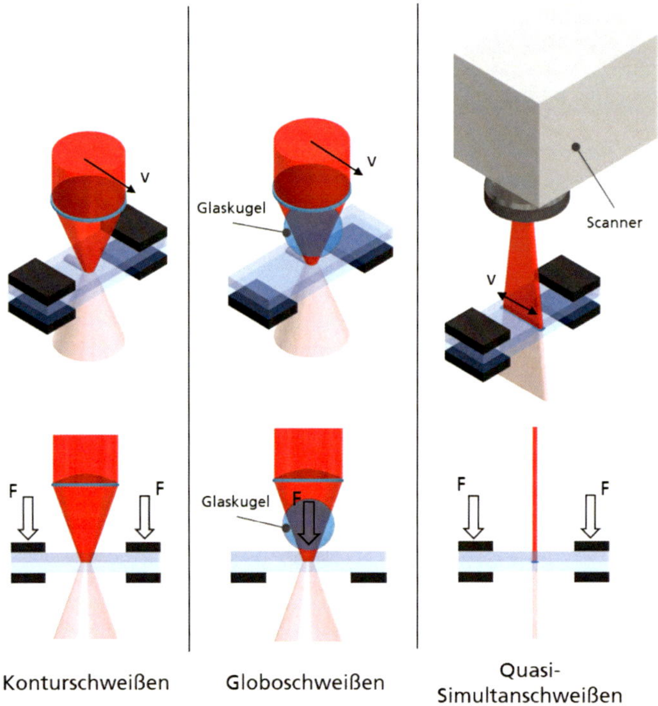

Durch die wiederholten Überfahrten kommt es zur einer Wärmeakkumulation entlang der bestrahlten Kontur. Hierdurch ist es möglich, sehr definiert über einen längeren Zeitraum die Energie gleichzeitig zu deponieren. Durch eine hohe Wiederholfrequenz erstarrt das Polymer nicht zwischen zwei aufeinanderfolgenden Scans [Bac02]. Nguyen et al. zeigen erfolgreich die Reduzierung der vertikalen Ausdehnung einer Schweißnaht beim Einsatz des Quasisimultan-Verfahrens [Ngy18]. Ein weiterer, insbesondere für Folienschweißanwendungen, relevanter Verfahrensansatz ist das Globo-Schweißverfahren (vgl. Bild 2-8 b). Bei dem von der Leister AG patentierten Verfahren wird die Fügedruckaufbringung und Strahlformung in einer Laseroptik kombiniert [Lei04]. Über eine lasertransparente Glaskugel wird sowohl lokal der notwendige Fügedruck im Wechselwirkungsbereich als auch die Laserstrahlung deponiert. Die luftgelagerte Glaskugel rollt dann entlang der Schweißkontur ab. Dieses auf dem Prinzip des Konturschweißen basierende Verfahren sowohl für das klassische Laserschweißen mit modifizierten Werkstoffen als auch für das Laserschweißen mit angepasster Wellenlänge eingesetzt [Che04; Bro18].

2.3.2 Laserschweißen von Polymerfolien mit CO_2 Laserstrahlquellen

Brown et al. sowie weitere Autoren entwickelten und untersuchten Verfahren des Lasersiegelns mit CO_2-Laserstrahlquellen von zwei Polymerfolien in Anlehnung an das konventionelle Heizelementschweißen im Überlappsiegelprozess [Bro12; Jon02; Coe00; Pot95]. Die eingesetzten CO_2-Laserstrahlquellen emittieren Laserstrahlung im fernen Infrarotbereich bei einer Wellenlänge von 10,6 µm. Die Eindringtiefe der einfallenden Strahlung ist gering und wird oberflächennah in Wärme umgewandelt. Folglich muss die Kontaktfläche der zu fügenden Polymerfolien im Bereich der Eindringtiefe der Strahlung liegen. Dementsprechend ist das Verfahren auf eine maximale Dicke besonders von der oberen Folie limitiert. Die maximale Dicke ist abhängig von der dem Polymer und dessen optischen Eigenschaften bei 10,6 µm Wellenlänge. Jones et al. nennen erfolgreiche Verschweißungen von Polyolefinfolien mit einer Dicke bis 100 µm [Jon94].

Bild 2-8: Überlapp- und Spaltschweißen mit CO_2-Laserstrahlquellen, Verfahrensprinzip (oben) Schweißnaht im Schnitt (unten)

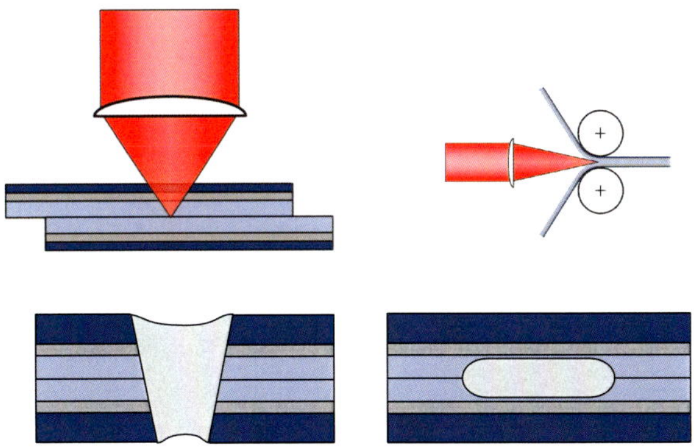

Für das Lasersiegeln mit CO_2-Laserstrahlquellen von dickeren Folien eignet sich das Verfahrensprinzip des Spaltsiegelns. Dieses Verfahren nutzt ebenfalls wie das Überlappsiegeln die wellenlängenbedingte oberflächennahe

Absorption von CO_2-Laserstrahlung bei Polymeren. Dabei wird die Laserstrahlung in den Spalt bzw. Berührungspunkt zwischen zwei aufeinander zulaufenden Folienbahnen fokussiert. Die oberflächennahen Schichten der Folienbahnen werden aufgeschmolzen. Durch die fortlaufende Bewegung der Folienbahnen wird die Polymerfolie aus dem Wechselwirkungsbereich herausgeführt und von nachgeschalteten Andruckwalzen während des Erstarrungsprozesses aufeinandergedrückt.

2.3.3 Laserdurchstrahlschweißen mit Ultra-Kurz-Puls Laserstrahlquellen

Einen aktuellen Gegenstand der Forschung stellt das Laserschweißen mittels Ultra-Kurz-Puls Laserstrahlquelle dar. Nguyen et al. motivieren in ersten Veröffentlichungen, abgeleitet vom UKP-Schweißen von Gläsern die generelle Eignung [Ngy18]. Anstelle von den bisher eingesetzten cw bzw. lang gepulsten Strahlquellen werden UKP-Laser mit Pulslängen im Bereich von ps bis fs eingesetzt. Durch eine geeignete Fokussierung können im Polymer so hohe Intensitäten erreicht werden, dass es zu nichtlinearen Multiphotonenabsorptionsvorgängen im Material kommt. Hierdurch wird lokal ein quasi metallischer Zustand induziert. Daher ist weder eine Materialmodifikation noch eine Wellenlängenanpassung der Strahlquelle erforderlich, um Energie im Polymer deponieren zu können. Aktuelle Veröffentlichungen und Untersuchungen konnten allerdings bisher keine unter schweißtechnischen Aspekten als gute Schweißnaht zu definierenden Ergebnissen zeigen. Bei den bisherigen Untersuchungen bildet sich im Zentrum des bearbeiteten Volumens eine Gasblase, die von geringen Mengen von Schmelze umgeben ist [Ngy18]. Neben der Herausforderung geeignete Prozessparameter zu finden, die nur zur Bildung von Schmelze führen, sind maschinenbautechnische Anforderungen hinsichtlich der Positionierung und Führung des Laserstrahls zu bewältigen. Die Schweißnahtbreiten liegen in einem Bereich von wenigen µm. Gerade für Anwendungen in der Mikrotechnik wie bei Lab-on-a-Chip Devices, wo sehr filigrane Schweißnähte erforderlich sind, wäre daher perspektivisch ein Einsatz interessant.

2.4 Laserstrahlschmelzschneiden

Das Laserstrahlschneiden mit niedrigem Gasdruck stellt neben dem Beschriften und Perforieren (vgl. Kapitel 2.4) das am meisten industriell etablierte, laserbasierte Verfahren im Bereich der Bearbeitung von Polymerfolien dar. Primär erfolgt die Umsetzung hierfür mit klassischen kostengünstigen CO_2 Gaslaserquellen. Viele Polymere zeigen je nach Wahl der laserseitigen Emissionslinie um 10 µm eine hohe Absorptionsrate (vgl. $A = f(\lambda)$,

Kapitel 1). Durch den Absorptionsvorgang und die dadurch oberflächennah deponierte Energie schmilzt die Polymerfolie im Bereich der Wechselwirkungszone auf, zersetzt sich oder verdampft direkt. Mit einer koaxial angeordneten Schneidgasdüse können die Gase, Partikel und geschmolzenen Polymeranteile aus der Schnittfuge getrieben werden (Bild 2-10). Bei dem Verfahren handelt es sich gemäß DIN-Klassifizierung um ein Schmelzschneiden mit niedrigem Gasdruck.

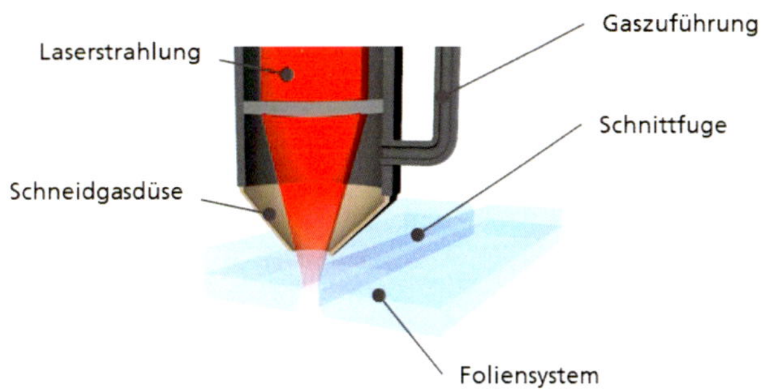

Bild 2-9: Prinzip des Laserstrahlschneidens von Polymerfolien mit fester Laseroptik und koaxialer Schnittgas-zuführung

Während des Prozesses geschmolzene Polymeranteile lagern sich am unteren Bereich der Schnittfuge ab und erstarren dort. Hierdurch ist eine Bartbildung begünstigt. Durch die kurzen Wechselwirkungszeiten in Kombination mit der geringen Wärmeleitfähigkeit von Polymeren, werden während des Prozesses idealerweise nur minimale Randbereiche des Polymers um die Schnittfuge herum aufgeschmolzen. Wird die Laseroptik nun über die Bauteiloberfläche bewegt, kann eine gewünschte Kontur bearbeitet werden. Aufgrund seiner langen Marktpräsenz und industriellen Verbreitung sind von vielen Autoren die unterschiedlichen Teilaspekte des Prozesses betrachtet worden [Cai05]. Studien zum Laserschneiden mit CO_2-Lasern wurden von verschiedenen Autoren durchgeführt [Cho10]; [Dav08]; [Cai05]; [Zho04]. Die Ergebnisse der untersuchten polymeren Werkstoffe (Polyethylen (PE), Polypropylen (PP), Polycarbonat (PC) und polymatisches Methacrylat (PMMA)) zeigten, dass Abhängigkeiten zwischen der Wärmeeinflusszone (WEZ), der Schnitttiefe/-breite, der Laserleistung, der Vorschubgeschwindigkeit und dem Schneidgasdruck bestehen. Nach Choudhury besteht ein direkter Zusammenhang zwischen der Wärmeeinflusszone und der Streckenenergie. Wird die deponierte Energiemenge erhöht, propagiert auch mehr Wärme in das die Wechselwirkungszone umgebende Material. Die Wärmeeinflusszone wird größer [Cai05]. Wird die

Vorschubgeschwindigkeit erhöht, verkürzt sich die Wechselwirkungszeit pro Weginkrement und somit die zur Verfügung stehende Zeit, in der Wärme in die umliegenden Bereiche abfließen kann. Die wärmebeeinflusste Zone wird kleiner [Dav08].

Aufgrund seiner Wellenlänge wird die Laserstrahlung des CO_2-Lasers in Glas absorbiert und kann demzufolge nicht über Glasfasern geführt werden. Daher wird die Laserstrahlung über reflektierende Optiken geleitet, aber auch geformt. Nur eine begrenzte Auswahl an optischen Materialien wie Gallium-Arsenid (GaAs) und Zink-Selenid (ZnSe) stehen für die Transmissionsstrahlformung zur Verfügung. Für Schneidprozesse mit z. B. Robotersystemen ist eine sehr komplexe Strahlführung durch Hohlachsen erforderlich. Ändern sich die Lauflänge des Strahlenganges während der Bearbeitung durch z.B. Verfahren von Achsen, vergrößert sich auch der Rohstrahldurchmesser, was sich wiederum auf die Lage des Bearbeitungsfokus auswirkt und technisch durch beispielsweise durch eine in Z-Richtung verfahrbare Laseroptik kompensiert werden muss.

Verfahrenstechnisch wird neben dem beschriebenen Konturschneiden auch ein galvanometerscannerbasierter Schneidprozess eingesetzt. Beim galvanometerscannerbasierten Schneiden wird der Laserstrahl mit Vorschubgeschwindigkeiten von mehreren m/s über die Polymerfolienoberfläche geführt. Dabei kann je nach Anwendung ein vollständiger Durchschnitt bei einem einzigen Durchlauf oder wiederholten Überfahren (Multipass) erfolgen. Entstandene Gase und Partikel müssen bei dieser Verfahrensvariante über einen oberflächennahen Luftstrom seitlich abtransportiert werden.

2.5 Einordung in den Stand der Technik – Industrielle Anforderungen

Für das Fügen von mehrschichtigen Polymerfolien haben sich mehrere Verfahren auf dem Markt etabliert. Hier sind das Heizelementschweißen, das Ultraschallschweißen, das Heißluftschweißen, das Ultraschallschweißen und das Kleben zu nennen. Die Auswahl erfolgt abhängig von der Anwendung und Anforderung an die Fügeverbindung. Übliche Bewertungskriterien, die bei der Entscheidung welches Fügeverfahren zielführend für den Anwendungsfall ist, sind [Aif19; Ivl19; Pol09]:

- Präzision bezogen auf die Abmessungen der Anbindung bzw. Schweißnaht
- Selektivität bezogen auf Folienlage im Verbund

- Flexibilität der Schweißkontur
- Zulässige thermische Belastung der Polymerfolie / der Schichten
- Ausbringungsmenge (Stück/h)
- Kosten (€/Stück)

Je nachdem, wie die Anforderungen priorisiert werden, sind einige Verfahren anderen bei der Bewertung nach den aufgeführten Kriterien überlegen. Bild 2-11 ordnet die industriell eingesetzten Verfahren abhängig der Selektivität bezogen auf die Folienlage im Verbund und Anbindungs- bzw. Schweißnahtbreite (Präzision) grafisch ein. Deutlich wird, dass das Heißluftschweißen die geringste Selektivität und Präzision aufweist. Auf die Polymerfolie applizierte Heißluft lässt sich örtlich nur schwer begrenzen und nur auf für die Luft zugängliche Oberflächen direkt aufbringen. Das Heizelementschweißen bietet durch die fest definierte Kontur der Siegelbacke die Möglichkeit die Wärme örtlich deutlich begrenzter einzubringen. Zum Erreichen einer innen liegenden Fügezone ist eine Propagation der Wärme durch die gesamten Polymerfolienverbund erforderlich. Dies führt zu einer thermischen Belastung des gesamten Folienverbunds. Der verfahrenstechnische Ansatz des Klebens hingegen erlaubt, den Klebstoff direkt in der Fügezone einzubringen, was zu einer besseren Selektivität durch Aufbringung in der Fügezone führt. Das Ultraschallschweißen bietet bei ausschließlicher Betrachtung der Selektivität und Präzision den derzeit erfolgversprechendsten Verfahrensansatz. Der von außen durch die mehrschichtige Polymerfolie aufgebrachter Ultraschall wird im Berührungspunkt der beiden Polymerfolien durch Reibung in Wärme gewandelt und ermöglicht so das Verschweißen. Die Wärmedeposition erfolgt nur im Berührungspunkt der beiden Polymerfolien. Mit entsprechender Prozessführung und geformten Werkzeugen kann zudem eine hohe Präzision erreicht werden. Werden die Verfahren bezüglich ihrer Verbreitung im Markt verglichen, hat das Heizelementschweißen den größten Marktanteil. Dies ist auf die geringen Kosten und den einfachen technischen Aufbau zurückzuführen.

Bild 2-10: Grafische Einordnung des Fügens von mehrschichten Polymerfolien mittels wellenlängenangepassten Laserstrahlquellen bezogen auf Präzision und Selektivität Steigerung der Selektivität A und Präzision B ausgehend vom Stand der Technik

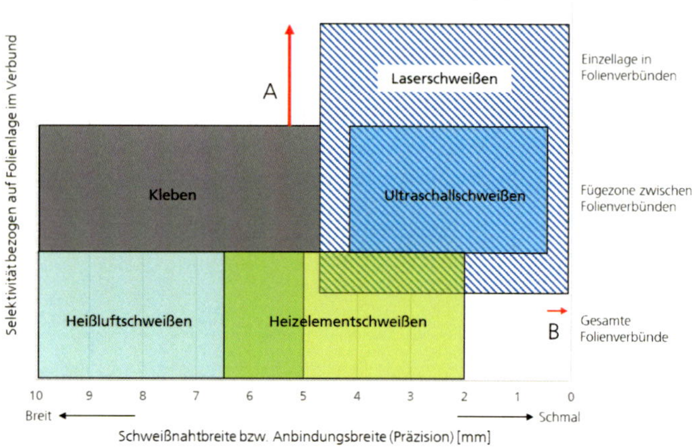

Jedoch hat industriell hat das Kriterium der Selektivität durch das seit 2019 gültige Verpackungsgesetz stark an Gewicht gewonnen und muss zunehmend berücksichtig werden [Vpg19]. Um die im Gesetzestext formulierten Vorgaben für die Steigerung der Recyclingquoten zu erfüllen, müssen neue Szenarien betrachtet werden. Um den CO_2-Fussabdruck für eine Verpackung zu verringern ist der zum einen der Einsatz von Polymeren aus nachwachsenden Rohstoffen erforderlich und zum anderen muss der Anteil von Recyclatanteilen deutlich erhöht werden. Ein weiterer Ansatz ist den Polymer-Material-Mix innerhalb eines Polymerfolienverbundes zu reduzieren. Durch eine Erhöhung der Selektivität kann die Energiedeposition auch bei thermisch sensitiveren Polymeren, wie es bei PLA oder PHA [Beh18] der Fall ist, ohne Schädigungen des Polymers durchgeführt werden. Die verfahrenstechnische Selektion einzelnen Folienlagen hätte zudem den Vorteil (vgl. Bild A) derzeit noch zusätzlich notwendige Siegelschichten zu entfernen. Eine Erhöhung der Recyclingoptionen wäre die Folge.

Neben der industriell immer mehr geforderten Formatflexibilität [Fes24] wird in vielen Anwendungen wie der Verkapselung von organischer Elektronik, OLED, OPVs, sowie im Bereich der Elektronik und Medizintechnik, aber auch im Bereich der hochwertigen Verpackungen, zunehmend eine Erhöhung der Präzision relevant. Mit dem Ultraschallschweißen liegen typische Schweißnahtbreiten im Bereich von ca. 0,5 mm [Pol09]. Mit dem laserbasierten Fügen besteht das Potenzial, aufgrund eines deutlich kleineren Fokuspunktes, die Präzision weiter zu erhöhen und minimale Schweißnahtbreite, um einen Faktor 0,5 zu reduzieren (vgl. Bild B). In Kombination mit der angestrebten Steigerung der Selektivität auf einzelne Folienschichten im Folienverbund, besteht die Möglichkeit, die benötigte Streckenenergie zu reduzieren und damit auch die thermische Belastung des gesamten Folienverbundes. Die Erhöhung der Präzision bietet aber auch Potential für die allgemeine Verpackungsbranche. Durch feine und präzise Schweißnähte können beispielsweise Sicherheitskennzeichnungen oder auch Markenidentifikationsmerkmale zu werbetechnischen Zwecken in die Schweißnaht eingebracht werden.

3 Wechselwirkungsprozesse zwischen Laserstrahlung und mehrschichtigen thermoplastischen Polymerfolien

3.1 Physikalische Beschreibung der Energiedeposition

Sowohl für den Laserschweißprozess als auch für den im weiteren betrachteten Laserschneidprozess ist eine ausreichende Energiedeposition erforderlich, um die mehrschichtige Polymerfolie aufzuschmelzen bzw. zu verdampfen. Der zugrunde liegende Prozess ist hierbei die lineare Absorption der eingestrahlten elektromagnetischen Strahlung. Um die für den Prozess notwendigen Intensitäten pro Fläche zu erzielen, wird die Laserstrahlung über Laseroptiken bedarfsgerecht geformt und fokussiert.

3.1

$$I_{Laser} = \frac{P_{Laser}}{A_{Strahl}} \, ; E_S = \frac{P_{Laser}}{v}$$

Der Fokusbereich kann dabei bei einem idealen Gaußstrahl wie folgt betrachtet werden:

Bild 3-1: Strahlpropagation um den Fokusbereich mit wichtigen charakteristischen Größen [Pop03]

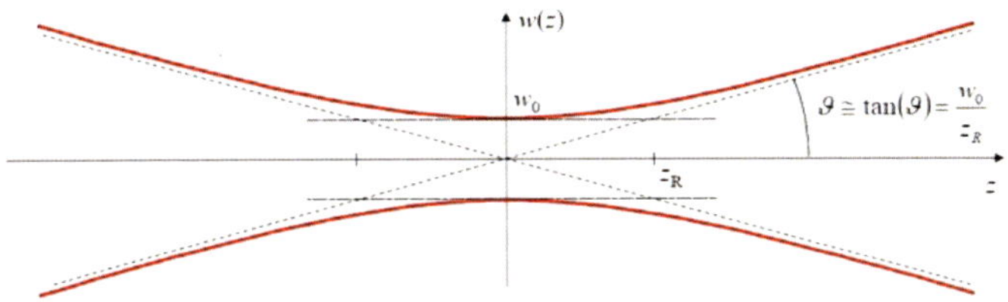

Hierbei ist der Strahlradius und die Divergenz verknüpft mit der Wellenlänge und der Beugungsmaßzahl:

3.2: Strahlparameterprodukt und Rayleighlänge

$$\theta_0 \cdot w_0 = \frac{\lambda}{\pi} \cdot M^2 \; und \; Z_R = \frac{w_0}{\lambda}$$

w_0= Strahlradius; θ_0= Divergenz; λ= Wellenlänge; M^2= Beugungsmaßzahl; Z_R= Rayleighlänge

Demzufolge ist die Fokussierbarkeit abhängig von der Wellenlänge und der Beugungsmaßzahl der eingesetzten Strahlquelle. Die Rayleighlänge gibt die Entfernung von der Fokuslage an, bei dem sich die Querschnittsfläche bezogen auf die Fläche im Fokus verdoppelt hat. Die Rayleighlänge ist bei Anwendungen im Bereich der einfachen Verpackungstechnik häufig vernachlässigbar, da die Gesamtfoliendicke in der Überlappanordnung innerhalb der Rayleighlänge liegt und der Laserstrahl daher als parallel betrachtet werden kann. Bei Lagensprüngen, also der schlagartigen Zunahme der Gesamtdicke des Polyerfolienstacks während des Schweißprozesses, kann dies aber von großer Bedeutung werden (vgl. Kapitel 4.3). Während in Propagationsrichtung der Laserstrahlung die Rayleighlänge zur Beschreibung verwendet werden kann lässt sich die Spotgeometrie bezogen auf den Strahlradius wie folgt beschreiben:

3.3
$$I(z) = I_{Laser} \cdot e^{-z\alpha};\ mit\ I_{Laser} = \frac{P_{Laser}}{A_{Strahl}}$$

In den betrachteten Verfahren wird immer eine Relativbewegung zwischen Laserstrahl und Werkstück durchgeführt. Zur Beschreibung der deponierten Energiemenge hat sich daher die sogenannte Streckenenergie auch im Bereich des Laserdurchstrahlschweißens von Polymeren etabliert. Soll dabei zusätzlich auch die Wechselwirkungsfläche mitberücksichtigt werden, wird die Streckenflächenenergie eingesetzt:

3.4
$$E_S = \frac{P_{Laser}}{v} \left[\frac{J}{mm}\right];\ E_{Sf} = \frac{P_{Laser}}{v * d_f} \left[\frac{J}{mm^2}\right]$$

E_s= Streckenergie, P_L= Optische Laserleistung, v= Vorschubgeschwindigkeit, E_{sf}= Flächenstreckenergie d_f= Fokusdurchmesser

Beide Größen erlaubt zudem ein Vergleich zwischen unterschiedlichen Parameterräumen und auch mit z.B. den klassischen Heizelementverfahren. Die vorangegangenen Ausführungen definieren unser Werkzeug Laser, das dann mit dem Werkstück, in vorliegenden Fall, einer mehrschichtigen Polymerfolie, wechselwirkt. Trifft ein Laserstrahl auf ein Polymer bzw. auf eine Polymerschicht innerhalb des Folienverbundes, so tritt eine Wechselwirkung zwischen Laserstrahlung und der Polymerschicht auf. Die eintreffende Laserstrahlung wird gemäß der Energieerhaltung dabei vollständig zu verschiedenen Anteilen reflektiert, absorbiert und transmittiert. Dabei gilt:

3.5

$$T + R + A = 1$$

T= Transmission, R= Reflexion, A= Absorption

Da bei den in dieser Arbeit betrachteten Laserbearbeitungsverfahren der Laserstrahl zumeist senkrecht auftrifft, lässt sich die Grenzflächenreflexion beim Übergang von Medien unterschiedlicher optischer Dichte über die vereinfachten Fresnel Gleichungen berechnen.

3.6

$$R = \frac{(n_2 - n_1)^2}{(n_2 + n_1)^2}$$

n_1= Brechungsindex des ersten Mediums, n_2= Brechungsindex des zweiten Mediums

Diese Annahme ist gültig für Einfallswinkel von 20° für polarisierte und bis 50° für unpolarisierte Laserstrahlung [Hän01]. Je nach Komplexität des bestrahlten Foliensystems gibt es eine Vielzahl von Übergängen. Wird nun dem einfallenden Laserstrahl eine Intensität I_{Laser} zugewiesen und neben einer einschichtigen Polymerfolie auch ein zwei- und dreifacher Folienverbund exemplarisch zu Verdeutlichung betrachtet, so ergibt sich das nachfolgende Schaubild (Bild 3-2), sofern die optischen Eigenschaften der einzelnen Layer deutliche Unterschiede aufweisen.

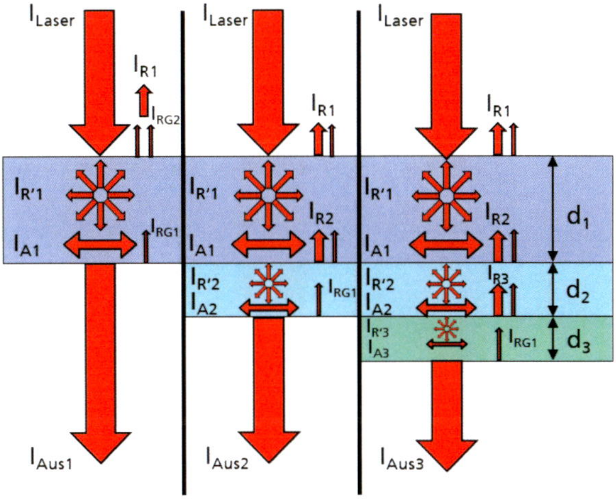

Bild 3-2: Grafische Darstellung der optischen Wechselwirkung bei Propagation des Laserstrahls durch ein-, zwei und drei-schichtige Foliensysteme im Vergleich

Dabei beschreiben I_{Aus1}, I_{Aus2} und I_{Aus3} die Intensität, die nach der vollständigen Propagation des Laserstrahls durch das Foliensystem aus der Unterseite austritt. Bei einer Überlappschweißverbindung wäre dies der Anteil der Intensität, der die Fügeebene erreicht und in den unteren Fügepartner eindringen kann. Diese Intensität lässt sich über Formel 3.7 für ein mehrschichtiges Foliensystem berechnen. In I_{Ri} ist dabei die Summe aus der Reflexion an den beiden Grenzschichten Luft-Polymer und Polymer-Luft berücksichtig (Doppelreflexion).

3.7

$$I_{Ausn} = I_{Laser} - \sum_{i=1}^{n} (I_{Ri} + I_{R'i} + I_{Ai}) \; mit \; I_{Ri} = I_{RG1} + I_{RG2}$$

Werden die optischen Wechselwirkungen an einem Polymerfoliensystem genauer betrachtet, ergeben sich an den Grenzflächen zwischen verschiedenen Polymeren bzw. der Umgebung Änderungen des Brechungsindexes, wodurch es zu wiederholten Reflexionen innerhalb der einzelnen Polymerschichten kommt (Bild 4-3). Die Intensität der inneren Reflexionen dämpfen sich mit zunehmender Anzahl der Reflexionen.

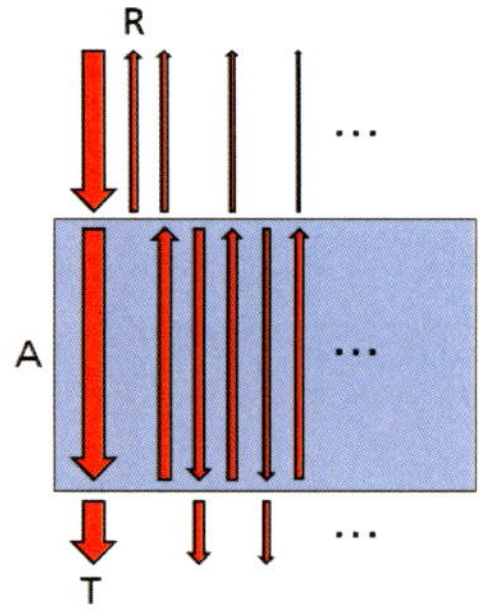

Bild 3-3: Grafische Darstellung der inneren Reflexionsvorgänge bei einer mehrschichtigen Polymerfolie

Bei dem Durchgang durch das Polymer wird die Intensität durch Streuung, also die Ablenkung der Strahlen von ihrer ursprünglichen Propagationsrichtung (R') und primär durch die Absorption (A), die Wandlung der optischen Energie in Bewegungsenergie der Polymerketten verursacht [Hän01] abgeschwächt. Die Streuung im Polymer führt, je nach strukturellem Aufbau des Polymers, amorph oder teilkristallin, zu einer Strahlverbreiterung, inneren Reflexionen und diffuser Reflexion. Über den Streuungskoeffizienten lässt sich das Streuvermögen eines Polymers beschreiben. Dieser kann messtechnisch bestimmt werden oder unter bestimmten Bedingungen berechnet werden (vgl. Kapitel 3.5) [Adn14, Hän01]. Der

Wert der Absorption lässt sich bei Kenntnis des materialspezifischen Absorptionskoeffizienten mit Hilfe des Lambert-Beer'schen Gesetz berechnen. Das Lambert Beer'sche Gesetz beschreibt die Dämpfung einer elektromagnetischen Welle bei dem Durchgang durch das Polymer in Abhängigkeit zur Dicke des Materials:

3.8
$$I(z) = I_{Laser} \cdot e^{-z\alpha};\ mit\ I_{Laser} = \frac{P_{Laser}}{A_{Strahl}}$$

A_{Strahl}= Fläche; I (z) = Intensität an Position z; I_{laser} = Ausgangsintensität; z = Position; α = Absorptionskoeffizient

Die optische Eindringtiefe ist dabei der Kehrwert des Absorptionskoeffizienten. Die optische Eindringtiefe ist bei vielen Laserbearbeitungsverfahren eine prozesslimitierende Größe (vgl. CO_2-Überlappsiegeln).

Der Wert des Absorptionskoeffizienten, also das Absorptionsvermögen eines Polymers, ist stark von der Wellenlänge, dem Material und von eventuell beigemischten Additiven abhängig. Mit einem Spektrometer kann der Verlauf des Absorptions- sowie des Transmissions- und Reflexionsgrades messtechnisch bestimmt werden. Wird eine Ulbricht-Integralkugel verwendet, so kann ebenfalls der Anteil der diffusen Transmission (T_a) und Reflexion (R) bestimmt werden. Hierdurch lässt sich der Streuungskoeffizient eines Materials bestimmen, um diesen dann bei der Erstellung eines Simulationsmodells zu verwenden [Adn10]. Bild 3-4 zeigt den verwendeten Messaufbau zur Bestimmung der optischen Eigenschaften sowie exemplarisch die Messergebnisse an einer marktüblichen Polymerfolie.

Bild 3-4: Messaufbau zur Bestimmung der optischen Eigenschaften und Messergebnisse an einem PP basierten Foliensystem

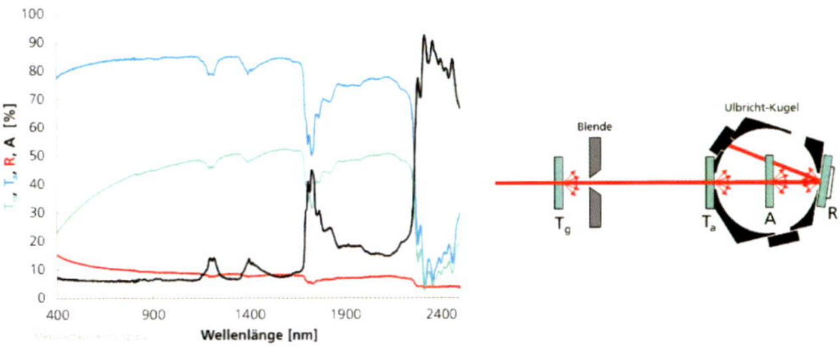

Im Bereich der Polymerfolientechnik haben sich noch die Begriffe des Glanzes, der Transparenz und der Trübung etabliert. Der Glanz entspricht

dabei dem Anteil der gerichteten Reflexion, die Transparenz der betrachteten Transmission T und die Trübung ist eine Mischgröße aus der Oberflächenrauigkeit und inneren Trübung, verursacht durch Kristallbildung. Jedes Polymer bzw. jede Polymerschicht im Falle von mehrschichten Polymerfolien besitzen somit ein spezifisches Absorptionsvermögen das abhängig von der Wellenlänge bzw. Frequenz der eingestrahlten Laserstrahlung ist. Mehrschichtige Polymerfoliensysteme können somit als eine Komposition von verschiedenen Absorptionsschichten verstanden werden, die abhängig von der eingestrahlten Laserwellenlänge jeweils abhängiges Absorptionsvermögen aufweisen. Dies wiederum definiert die einbringbare Energie sowohl bezogen auf Betrag (Dicke der Polymerschicht und Absorptionskoeefizent) und Lage (Position des Layers im Stack). Hierdurch kann durch richtige Wahl der eingestrahlenten Intensität eine selektive Addressierung einzelner Schichten und ein präziser Energieeintrag erfolgen. Dabei ist entscheidend, ein polymerabhängiges Energielevel zu erreichen. Ist die durch die Laserstrahlung eingebrachte Energiemenge zu hoch gewählt, kommt es zur Zerstörung infolge von thermochemischen Instabilitäten innerhalb des Polymers [Pol09]. Durch die Absorption erwärmt sich das Makromolekül stark, kovalente Bindungen brechen auf und es bilden sich frei Radikale, die wiederum zum weiteren Abbau von Polymerketten führen. Dabei entstehen Abbauprodukte, unter anderem kohlenstoffreiche Rückstände, die wiederum eine erhöhte Absortption für eintreffende Laserstrahlung aufweisen, wodurch es zu einem weiteren gesteigertern Energieeintrag und zur Schädigung des Polymers kommt. Neben dem zuvor beschriebenen Prozess können in Polymeren durch Laserstrahlung auch photochemische Reaktionen ausgelöst werden, die zum Abbau des Polymers führen. Hierfür ist Laserstrahlung mit einer hohen Photonenergie in einem Wellenlängenbereich von 250 – 380 nm bei gängigen Polymeren notwendig. Da in dieser Arbeit ausschließlich Laserstrahlquellen im IR-Bereich betrachtet werden, ist diese Art von Schädigung zu vernachlässigen.

3.2 Anpassung der Emissionswellenlänge der Laserstrahlquelle zum Erreichen einer selektiven Absorption im Polymer

Um eine Materialbearbeitung mit Laserstrahlung an Polymerfolien bzw. selektiv an einzelnen Schichten durchführen zu können, muss eine ausreichende Absorption im Material erreicht werden. Hierzu muss die gewählte Laserwellenlänge auf oder in der Nähe von Absorptionsbanden des jeweiligen Polymers liegen und/oder Bereiche höherer Absorption treffen. Idealerweise würde eine Emissionswellenlängenanpassung der Stahlquelle also individuell an die spezifische Absorptionsbande des Werksstoffes für jede Bearbeitungsaufgabe erfolgen. Da dies eine Vielzahl von Laserstrahlquellen erfordern würde, wurden einige wenige Strahlquellen entwickelt, die exakt die Absorptionsbande eines Polymers adressieren, die übrigen liegen in Bereichen, in der mehrere gängige Polymertypen eine erhöhte Absorption aufweisen. Bild 3-6 zeigt eine Übersicht über die zur Verfügung stehenden und im Rahmen dieser Arbeit verwendeten Strahlquellen.

Bild 3-5: Verwendete Strahlquellen mit gekennzeichneten Emissionswellenlängen im Spektrum

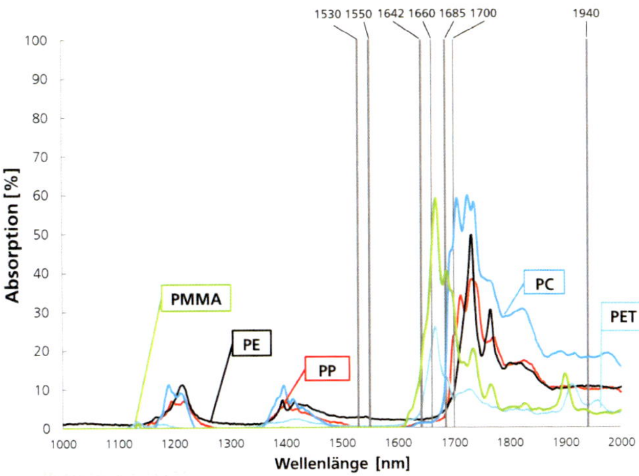

Lasertyp	Faser	Diode	Diode	Diode	Diode	Diode	Faser	Diode	GAS
Hersteller	IPG	LIMO	LIMO	LIMO	nLIGHT	ILT/nLIGHT	IPG	LIMO	Coherent
Model	ELR-100-1550	DL1550	DL1650	DL1660	P4-100-1700	P4-025-1700	TLR-100-1940	DL1940	Diamond J-3-10.6
Wellenlänge [nm]	**1550**	**1567**	**1642**	**1660**	**1685**	**1700**	**1930**	**1940**	**10600**
Max. opt Leistung [W]	109	60	20	82	108	30/25	100	42	200
Faser Ø [µm]	Kollimator	400/600	400/600	400/600	600	400/600	Kollimator	400/600	-

Zusammengeführt mit Absorptionsverläufen von ausgewählten Polymeren wird ersichtlich, welche Absorptionspeaks adressiert werden können. Die verwendeten Strahlquellen lassen sich dabei grundlegend in zwei verschiedene Lasertypen, in Faser- und Diodenlaserstrahlquellen, einteilen. Die eingesetzten Singlemode-Faserlaserstrahlquellen verfügen über eine sehr gute Strahlqualität M^2 von 1,05. Aufgrund der sich hieraus ergebenen exzellenten Fokussierbarkeit sind diese Laserstrahlquellen primär für Schneidanwendungen interessant. Die Diodenlaserstrahlquellen mit einer im Mittel deutlich schlechteren Strahlqualität $M^2>30$ werden sowohl für

Schweiß- als auch für Schneidprozesse eingesetzt. Alle verwendeten Dioden- und Faserlaserstrahlquellen sind fasergekoppelt, so dass sie über Glasfasern für die experimentellen Untersuchungen flexibel und reproduzierbar mit den einzelnen Versuchsaufbauten verbunden werden können.

Das zugrundeliegende Auswahlkriterium für die Wahl einer Strahlquelle ist der Absorptionsgrad der zu bearbeitenden Polymerfolie. Ziel ist es hierbei bei einem Schneidprozess eine möglichst hohe Absorption zu erzielen, um auf diese Weise hohe Schnittgeschwindigkeiten zu erreichen und einen effizienten Prozess zu erreichen. Bei Durchstrahlschweißprozessen ist das Auswahlkriterium ebenfalls der Absorptionsgrad. Hier muss aber zwischen der Bearbeitung von einschichtigen oder mehrschichtigen Polymerfolien unterschieden werden. Bei einschichtigen insbesondere dickeren Thermoformfolien muss die optische Eindringtiefe groß genug sein, um bis in die Fügeebene vorzudringen. Ist ein vollständiges Aufschmelzen der Überlappverbindung gewünscht, kann auch ein geringer Absorptionsgrad zielführend sein, da hierdurch die eingebrachte Temperaturdifferenz innerhalb des Polymerfolienstacks geringgehalten werden kann [Bac02]. Bei einem mehrschichtigen Folienverbund hingegen wird versucht, explizit eine möglichst hohe Absorption in der zu fügenden Schicht zu erzielen. Auf diese Weise wird versucht eine selektive Energiedeposition einzelner Schichten im Folienverbund zu erzielen.

3.3 Physikalische Modellrechnung für die Abschwächung der Intensität in einer mehrschichtigen Polymerfolie für unterschiedliche Laserwellenlängen

Bevor im weiteren Verlauf der Arbeit detaillierter auf die Energiedepositionsvorgänge anhand von praktischen Experimenten und thermischen Simulationen eingegangen wird, sollen die zuvor dargestellten physikalischen Grundlagen zunächst exemplarisch angewendet werden, um die Möglichkeit einer einfachen rudimentären Berechnung der Energiedeposition zu verdeutlichen. Insbesondere soll vereinfacht gezeigt werden, wie sich unterschiedliche Wellenlängen auf die lagenabhängige Energiedeposition bei mehrschichtigen Polymerfoliensystemen auswirken. Für die Berechnung werden die folgenden Vereinfachungen getroffen:

- Vollständig glatte Oberflächen
- Keine Streuung bei Propagation der Laserstrahlung durch die Kunststoffe

- Temperaturunabhängiges Verhalten aller physikalischen Größen
- Alle Laserstrahlen verlaufen parallel und treffen senkrecht auf
- Keine Berücksichtigung von polarisationsabhängiger Absorption durch Annahme von Biaxial orienterten Polymerfolien bzw. Folienschichten

Exemplarisch wird die Berechnung der Energiedeposition an zwei repräsentativen Foliensystemen für zwei unterschiedliche Laserbearbeitungswellenlängen durchgeführt und visualisiert. Als Input werden nur die optischen Eigenschaften (T R A) der einzelnen Schichten bei den ausgewählten Laserwellenlängen (1660 nm und 1940 nm) sowie deren Dicke benötigt. Unter Nutzung des Zwei-Fluss-Modelles und einer numerischen Lösung der beiden geometrischen Reihe der (inneren) Reflexionen (vgl. Bild 4-3) sowie Berücksichtigung der Extinktion nach Lambert-Beer (Formel 3.8) wird die Modellrechnung durchgeführt (Bild 4-7).

Die Foliensysteme werden dabei symmetrisch angeordnet, sodass sich mittig im Berührungspunkt die Fügezone ergibt. Die Folien berühren sich im Sinne eines technischen Nullspaltes, dennoch verbleibt ein minimaler Restspalt aus Luft (2 µm). Der Laserstrahl strahlt von oben auf die Überlappanordnung ein. Grafisch dargestellt ist die Abschwächung der relativen normierten Intensität bei dem Durchstrahlen des gesamten Polymerfoliensystems. In jeder Polymerfolienschicht wird entsprechend des wellenlängenabhängigen Absorptionsgrads die eingestrahlte Intensität abgeschwächt. Der Betrag der Abschwächung pro Polymerfolienschicht kann als Maß für das Absorptionsvermögen verstanden werden. Das Absorptionsvermögen wird im Verlauf dieser Arbeit als Vergleichsgröße eingesetzt. Für eine selektive Energiedeposition ist eine betraglich möglichst große Abschwächung in der zu adressierenden Polymerfolienschicht wünschenswert. Idealerweise sollte daher eine Laserwellenlänge gewählt, bei der die umliegenden Schichten nur ein geringes Absorptionsvermögen aufweisen. Bei der Folienkombination PET/PE-LD vs. PE-LD/PET sollte also das Absorptionsvermögen in der PE-LD-Schicht höher sein als in der PET-Schicht. Dadurch würde eine Energiedeposition in der gewünschten begünstigt werden und die Wahrscheinlichkeit einer Aufschmelzung der außenliegenden PET-Schicht verringert werden.

Bild 3-6: Anwendung einer rudimentären physikalischen Modellrechnung auf zwei etablierte mehrschichtige Polymerfoliensysteme bei der Bearbeitung mit unterschiedlichen Laserwellenlängen

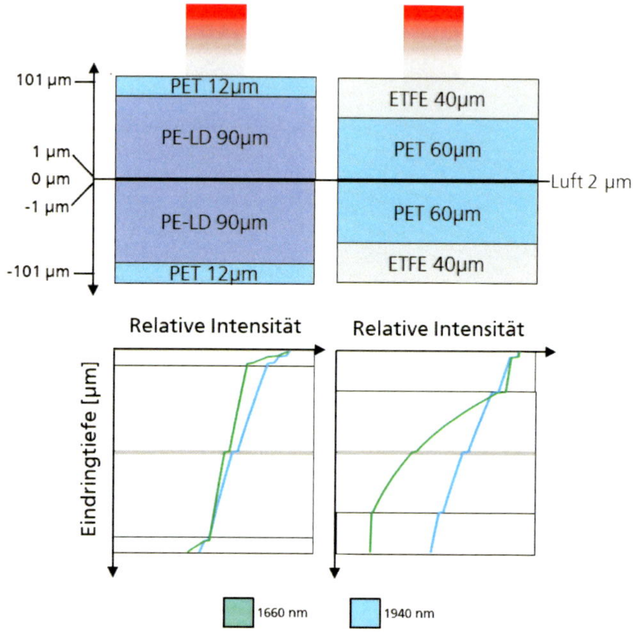

Zielführender wäre daher gemäß der Berechnung die Wahl einer Laserwellenlänge von 1940 nm, da das Absorptionsvermögen von der PE-Schicht bei beiden Wellenlängen vergleichbar ist, im Bereich der PET-Schicht bei 1660 nm das Absorptionsvermögen aber höher ist und so die Möglichkeit einer Erwärmung dieser Schicht bestände. Bei der zweiten Folienkombination ETFE/PET vs. PET/ETFE zeigt sich, dass ein Einsatz von einer Laserwellenlänge von 1660 nm sinnvoll ist, da in der ETFE-Schicht nur ein geringes Absorptionsvermögen vorhanden ist, während in der PET-Schicht diese sehr ausgeprägt ist, wodurch ein effizienter Prozess zu erwarten ist.

Wie gezeigt, kann mit diesem vereinfachten Berechnungsmodell eine rudimentäre Abschätzung vorgenommen werden, welche Bearbeitungswellenlänge zielführend für welches Foliensystem ist, um eine gewünschte selektive Energiedeposition zu realisieren. Hierfür reichen zunächst die optischen Eigenschaften der einzelnen Polymerschichten für die zu Verfügung stehenden Laserwellenlängen sowie deren Dicke als Input. Da die messtechnische Bestimmung der optischen Eigenschaften besonders von sehr dünnen Schichten im Bereich von wenigen µm technisch aufwendig ist, können auch Literaturwerte eingesetzt werden. Hierdurch können auch neue Foliensysteme erstellt und hinsichtlich ihrer Laserschweißeignung bewertet werden oder vorhandene Foliensysteme in Richtung optimierter Bearbeitung mittels Lasertechnik orientierend angepasst werden. Der physikalischen Modellrechnung liegen die getroffenen Vereinfachungen zu Grunde. Bei realen Prozessen wird die Energiedeposition von weiteren zahlreichen Parametern beeinflusst. In den nachfolgenden Kapiteln werden diese daher anhand von experimentellen Untersuchungen tiefergehend untersucht und der Vorgang der Energiedeposition genauer ergründet.

4 Experimentelle Untersuchungen zum Laserdurchstrahlschweißen von Polymerfolien

4.1 Einflussgrößen der Prozessparameter

Der Laserdurchstrahlschweißprozess stellt aufgrund des Ziels der Bildung einer Schmelzphase einen besonders betrachtungswerten Prozess bei der Untersuchung der selektiven Energiedeposition dar. Wünschenswert ist nur ein räumlich lokal begrenztes Aufschmelzen, wodurch sich nach dem Wiedererstarren eine Schweißverbindung ausbildet. Der laserbasierte Schweißprozess wird dabei durch zahlreiche Parameter beeinflusst. Bild 4-1 stellt ermittelte Einflussgrößen vor.

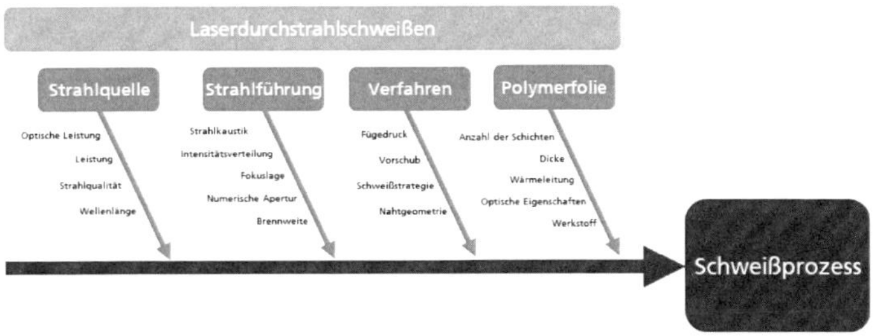

Bild 4-1: Einflussgrößen beim Laserdurchstrahlschweißen von Polymerfolien

Die Einflussgrößen wirken sich unterschiedlich stark auf den Prozess aus. Während z.B. die eingesetzte optische Laserleistung sich direkt und unmittelbar über die Streckenenergie auf den Prozess auswirken, beeinflussen andere, wie beispielsweise die Materialauswahl des Andrucksystems durch die jeweiligen spezifischen Wärmeleitungseigenschaften, nur indirekt und in einem geringeren Maß den Prozess. In dieser Arbeit werden primär Einflussgrößen betrachtet und variiert, deren Parameter reproduzierbar angepasst und messtechnisch verifiziert werden können. Die übrigen, nicht aufgeführten Einflussgrößen werden für die durchgeführten Untersuchungen durch organisatorische Maßnahmen, Dokumentation und standardisierte Vorgehensweise konstant gehalten. Dies betrifft zum

Beispiel den Einfluss des Anwenders bei der Probenpositionierung. Darüber hinaus wird im weiteren Verlauf dieser Arbeit auch nicht die Herangehensweise aus reiner Parametersicht gewählt, sondern vielmehr eine Betrachtung aus prozesstechnisch relevanter Sicht. Dabei werden besonders die folgenden drei Kernaspekte betrachtet und diskutiert:

- Einfluss von Materialien auf den Schweißprozess
- Nahtfestigkeit und Schweißnahtbreite
- Räumlich begrenzte lokale Energiedeposition

Diese Aspekte berücksichtigen typisch industrielle Fragestellungen, die an eine Fügeverbindung gestellt werden. Verfügt die Schweißverbindung über eine ausreichende Festigkeit? Ist die Schweißnahtbreite derart dimensioniert, dass sie die auftretenden Kräfte in der Verwendung des Produktes aufnehmen kann oder erfüllt sie die gesetzlichen Vorgaben z.B. im medizinischen Bereich? Welche Auswirkungen hat ein Wechsel des Materialsystems oder von z.B. Rollen in einem Rolle-zu-Rolle System? Kann die Energie so deponiert werden, dass eine Beschädigung von umliegenden Schichten ausgeschlossen werden kann? Die nachfolgenden Untersuchungen versuchen, genau auf diese Fragestellungen Antworten zu geben.

4.2 Einfluss von Materialien auf den Schweißprozess

4.2.1 Laserschweißeignung marktüblicher mehrschichtiger Folienkombinationen[1]

In vielen technischen Anwendungsbereichen haben sich typische Polymerfolienaufbauten etabliert. Ein laserbasiertes Schweißverfahren sollte idealerweise kompatibel für diese bestehenden Foliensysteme sein, um ein möglichst weites Anwendungsfeld zu erhalten. Daher werden im nachfolgenden typische Foliendesigns aufgegriffen und deren Schweißeignung bezogen auf die Nahtfestigkeit bzw. Schweißnahtbreite untersucht. Wie in Kapitel 2.1 dargestellt, besteht ein Großteil der Polymerfolien aus unterschiedlichen Schichten mit jeweils spezifischen optischen Eigenschaften, die für den einzelnen Anwendungsfall speziell ausgewählt und zusammengestellt werden. Etablierte Kriterien, um die Qualität einer Schweißverbindung zu beurteilen, stellen dabei die Nahtfestigkeit, die

[1] Dieses Kapitel enthält Ergebnisse aus der Abschlussarbeit: A8

Schweißnahtbreite und das optische Erscheinungsbild dar. Um die Eignung des Laserdurchstrahlschweißens für marktübliche Foliensysteme und Folienkombinationen zu bewerten, werden 18 verschiedene Folien ausgewählt und in typischen Kombinationen miteinander verschweißt. Berücksichtigt werden Monofolien, aber auch Foliensysteme, die z.B. eine Barriereschicht aufweisen oder nicht polymere Anteile besitzen. Dargestellt sind die experimentell ermittelten grundlegenden Laserschweißeignungen der verschiedenen Folienkombinationen.

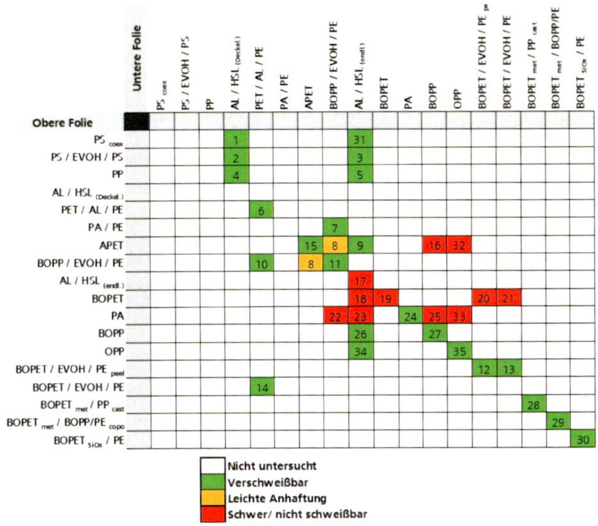

Bild 4-2: Ergebnismatrix mit ausgewählten Foliensystemen und Klassifizierung der Paarungen anhand der Ergebnisse der durchgeführten Versuche; 63% der untersuchten Verbindungen lassen sich verschweißen; Nicht schweißen lassen sich in vielen Verbindungen unterschiedliche Kunststoffe miteinander wie PA vs. PE oder PA vs. PP

Dabei wird als obere Folie (oberer Fügepartner), die der Laserstrahlung zugewandte Folie bezeichnet, während die untere Folie (unterer Fügepartner) erst nach Propagation durch die obere Folie erreicht wird. Die zu verschweißenden Folienschicht ist jeweils das letzte Polymer in der Folienbezeichnung. Bei BOPP/ EVOH/PE als Oberfolie und BOPP/ EVOH/PE als Unterfolie, wird die eigentliche Schweißverbindung zwischen PE und PE realisiert. Bild 4-3 gibt Auskunft darüber, welche Laseremissionswellenlängen für die Untersuchungen eingesetzt werden. Die Auswahl erfolgt anhand einer spektralen Untersuchung des Foliensystems vgl. Kapitel 3.1. Des Weiteren sind die optischen Leistungen an der Werkstückoberfläche sowie die untersuchten Vorschubbereiche dargestellt. Die Nummerierung wird für die weitergehende Auswertung beibehalten und korrespondiert mit der Ergebnismatrix.

Bild 4-3: Übersicht der ausgewählten Parameter und Laserstrahlquellen für die durchgeführten Schweißversuche

Nr.	Fügerpartner Oberer	Unterer	Wellenlänge [µm]	Leistung [W] const.	Vorschub [mm/min] min	max	$v_{optimal}$	Streckenenergie [J/mm]
1	PS $_{coex}$	AL / HSL $_{(Deckel)}$	1,5 µm	70	300	750	412,5	10,182
2	PS / EVOH / PS	AL / HSL $_{(Deckel)}$	1,5 µm	70	150	550	250	16,800
3	PS / EVOH / PS	AL / HSL $_{(endl.)}$	1,5 µm	70	110	440	110	38,182
4	PP	AL / HSL $_{(Deckel)}$	1,5 µm	70	600	1200	600	7,000
5	PP	AL / HSL $_{(endl.)}$	1,5 µm	70	600	1200	750	5,600
6	PET / AL / PE	PET / AL / PE	1,7 µm	21,5	60	100	70	18,429
7	PA / PE	BOPP / EVOH / PE	1,7 µm	21,5	400	1600	700	1,843
9	APET	AL / HSL $_{(endl.)}$	1,7 µm	21,5	600	1400	800	1,613
10	BOPP / EVOH / PE	PET / AL / PE	1,7 µm	21,5	500	3500	1250	1,032
11	BOPP / EVOH / PE	BOPP / EVOH / PE	1,7 µm	21,5	700	1700	950	1,358
12	BOPET / EVOH / PE $_{peel}$	BOPET / EVOH / PE $_{peel}$	1,7 µm	21,5	200	900	375	3,440
13	BOPET / EVOH / PE	BOPET / EVOH / PE $_{peel}$	1,7 µm	21,5	200	550	287,5	4,487
14	BOPET / EVOH / PE	PET / AL / PE	1,7 µm	21,5	500	2600	1025	1,259
15	APET	APET	1,7 µm	21,5	500	1400	500	2,580
24	PA	PA	1,7 µm	21,5	50	100	62,5	20,640
26	BOPP	AL / HSL $_{(endl.)}$	1,7 µm	21,5	80	450	80	16,125
27	BOPP	BOPP	1,7 µm	21,5	200	800	200	6,450
28	BOPET $_{met}$ / PP $_{cast}$	BOPET $_{met}$ / PP $_{cast}$	1,7 µm	21,5	800	2200	800	1,613
29	BOPET $_{met}$ / BOPP/PE $_{copo}$	BOPET $_{met}$ / BOPP/PE $_{copo}$	1,7 µm	21,5	800	4000	800	1,613
30	BOPET $_{SiOx}$ / PE	BOPET $_{SiOx}$ / PE	1,7 µm	21,5	500	1100	625	2,064

Um eine Vergleichsbasis zu schaffen, wird die Größe der Streckenenergie E_S genutzt. Bei Kenntnis der Streckenenergie und der Laserleistung kann dann die Vorschubgeschwindigkeit z.B. für den Einsatz einer leistungsstärkeren Laserstrahlquelle abgeschätzt werden, wie es für höhere Prozessgeschwindigkeiten erforderlich wäre (vgl. Kapitel 6).

Mögliche Ursachen für eine fehlende Laserschweißeignung

Die Folienkombination BOPET-AL/HSL (18) lässt sich aufgrund der geringen Dicke des biaxial orientierten Polyethelenteraphthalats und der damit verbundenen kleinen Absorption (0,1 %) nicht mit sich selbst bzw. in 19, 20, 21 nicht mit einer anderen Folie bei technisch relevanten Vorschubgeschwindigkeiten bis minimal 20 mm/min verschweißen. Die Folienkombination Al/HSL-AL/HSL (17) lässt sich aufgrund der enthaltenen Aluminiumfolie nicht verschweißen. Der Reflexionsgrad der Aluminiumfolie beträgt 91 % bei einem Transmissionsgrad von 0 %. Somit wird die auftreffende Laserstrahlung größtenteils reflektiert und ist damit für den Schweißprozess nicht nutzbar. Folienkombination 6, die ebenfalls Aluminium in beiden Fügepartnern enthält, lässt sich wiederum gut verschweißen. Dies lässt sich auf die Absorption der Laserstrahlung in der PET-Trägerfolie und einer Wärmeleitung durch die Aluminiumschicht in die PE-Siegelschicht begründen. Genauer wird dieses Phänomen auch noch in Kapitel 4.2.5 diskutiert.

Die Folienkombination APET-BOPP (16) lässt sich aufgrund der chemischen Unverträglichkeit beider Polymere nicht miteinander verschweißen. Eine Anbindung ist bis zum Zersetzungspunkt nicht möglich.

Bei den Folienkombinationen 22, 23 und 25 ermöglicht zum einen die kleine Absorption des Polyamids, 1,72 % bei 1940 nm und 0,84 % bei 1700 nm, keine ausreichende Leistungsdeposition. Zum anderen gibt es chemische Unverträglichkeiten zwischen dem PA und PET. Die artgleiche Verbindung von Polyamid ist hingegen möglich.

Folienkombination BOPP/EVOH/PE_{peel}-APET (8) weist nur eine minimale Anhaftung auf, die sich bei kleiner Krafteinwirkung löst. Eine höhere Leistungsdeposition durch Verringerung der Vorschubgeschwindigkeit führt zu einer Zersetzung beider Materialen bei einer weiterhin minimalen Anhaftung. Diese Effekte lassen sich auf eine chemische Unverträglichkeit der beiden Materialien PE zu PET zurückführen, die eine Vermischung verhindern [Gil09].

Die Gründe für negative Schweißeignung lassen sich wie folgt zusammenfassen:

- Zu kleine Dicke der Folie, damit zu geringes Absorptionsvermögen
- Große Unterschiede in den Schmelzpunkten der Kunststoffe
- Chemische Mischunverträglichkeit der Kunststoffpaarungen
- Metallschichten verhindern Transmission der Laserstrahlung

Untersuchung der Vorschubgeschwindigkeit auf die Nahtfestigkeit

Die bereits in der der Matrixübersicht dargestellten Ergebnisse leiten sich von Untersuchungen zum Einfluss der Vorschubgeschwindigkeit auf Nahtfestigkeit ab. Zur Untersuchung des Vorschubgeschwindigkeitseinflusses auf die Nahtfestigkeit wird bei sonst konstanten Parametern die Vorschubgeschwindigkeit in fünf Schritten variiert. Die Laserleistung wird dabei immer maximal möglich gewählt, so dass eine höchstmögliche Prozessgeschwindigkeit erreicht werden kann. Pro Vorschubgeschwindigkeitsparameter werden je sechs Proben erstellt. Fünf davon werden nach DIN EN ISO 527-1 [Din12] auf ihrer Zugfestigkeit untersucht.

Um einen möglichst breiten Vorschubgeschwindigkeitsbereich abzudecken, wird die geringste Vorschubgeschwindigkeit so ausgewählt, dass gerade noch keine Materialzersetzung des Kunststoffes stattfindet. Die höchste Vorschubgeschwindigkeit wird wiederum so gewählt, dass es nur noch zu einer leichten Anhaftung kommt. Auf diese Weise kann sowohl die mögliche maximale Zugkraft als auch die kleinste Zugkraft in Abhängigkeit von der Vorschubgeschwindigkeit für eine Folienkombination ermittelt werden. Da im Bereich der Verpackungsindustrie Verpackungen auch dahin gehend optimiert werden eine definierte Kraft zum Öffnen der Verpackung zu haben (Easy-Opening) kann anhand der gewonnenen Ergebnisse eine gewünschte Zugkraft, die dann zum Versagen der Verbindung führt, eingestellt werden. Der Einfluss der Vorschubgeschwindigkeit auf die Zugkraft wird, wie exemplarisch für eine Verbindung dargestellt (Bild 4-4), für alle 20 schweißbaren Folienkombinationen untersucht.

Bild 4-4: Einfluss der Vorschubgeschwindigkeit auf die Zugkraft nach DIN EN ISO 527-1, Probenumfang 5

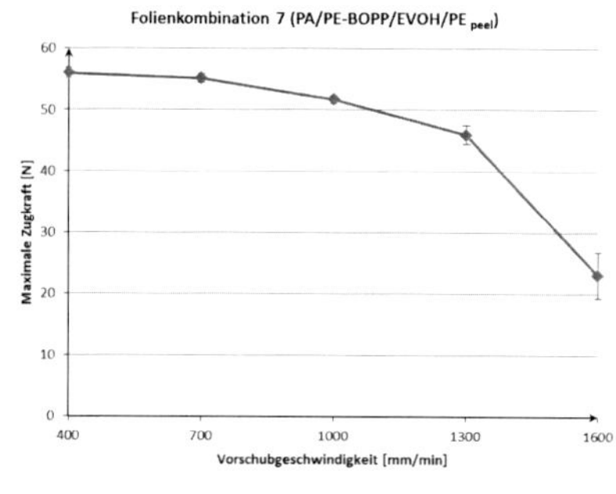

Bei der Steigerung der Vorschubgeschwindigkeit von 400 auf 800 mm/min nimmt die maximale Zugkraft um 10 % ab. Bei einer Verdopplung der Vorschubgeschwindigkeit von 800 auf 1600 mm/min reduziert sich die maximale Zugkraft im Rahmen der Messgenauigkeit um 50 %.

Maximale Zugkräfte nach DIN EN ISO 527-1

Im Rahmen der Untersuchung des Vorschubgeschwindigkeitseinflusses auf die Nahtfestigkeit werden Zugversuche nach DIN EN ISO 527-1 an allen Folienkombinationen bei unterschiedlichen Vorschubgeschwindigkeiten vorgenommen. Aus dieser Parameteruntersuchung lassen sich die maximal erreichbaren Zugfestigkeitswerte und die dazu gehörenden Vorschubgeschwindigkeiten entnehmen. Unterschieden wird bei den Folienkombinationen zwischen peelbaren, also definiert zerstörbaren, und fest versiegelten Verbindungen. Von den 20 Folienkombinationen sind jeweils 10 den peelbaren bzw. den festen Verbindungen zuzuordnen.

Bild 4-5: Maximale Zugkraft nach DIN EN ISO 527-1, peelbare Verbindung, Probenumfang 5, Nahtbreite 20 mm

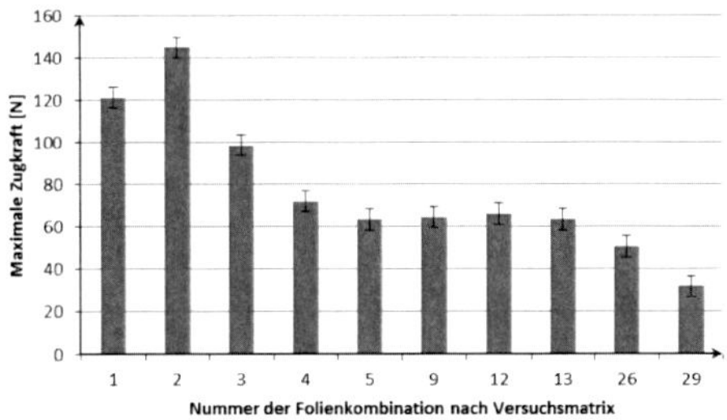

Für die Folienkombination 29, ($BOPET_{met}$/BOPP/$PE_{copo.}$-$BOPET_{met}$/BOPP/PE_{copo}) hat die maximale Zugkraft mit 31,82 N bei einer Vorschubgeschwindigkeit von 800 mm/min den kleinsten Wert. Das PE_{copo} bezeichnet dabei eine Copolymermischung aus PE-LD und PE-HD. Die höchste Zugkraft wird für die Folienkombination 2 (PS/EVOH/PS-Al/HSL) bei einer Vorschubgeschwindigkeit von 250 mm/min gemessen. Die maximalen Zugkräfte der Folienkombination 5, 9, 12 und 13 haben ähnliche Zugkraftwerte.

Bild 4-6: Maximale Zugkraft nach DIN 527-1, feste Verbindung Probenumfang 5

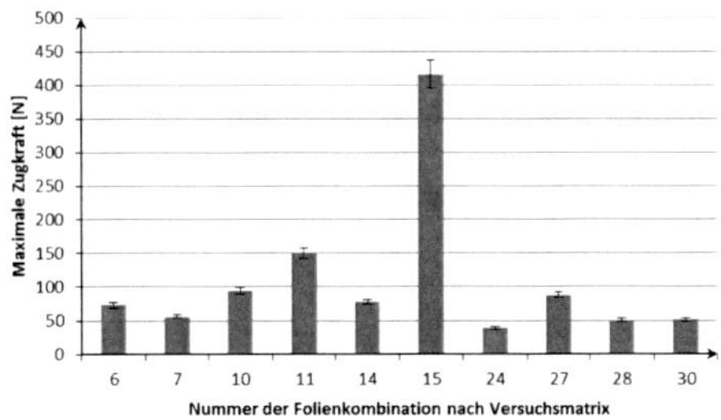

Bei den Zugversuchen an Folienkombination APET-APET (15) können mit einer maximalen Zugkraft von 415 N bei einer Vorschubgeschwindigkeit von 500 mm/min die vergleichsweisen größten maximalen Zugkräfte gemessen werden. Die kleinste maximale Zugkraft von 39 N kann auf die

Folienkombination PA-PA (24), geschweißt mit einer Vorschubgeschwindigkeit von 62,5 mm/min, aufgebracht werden.

T-Peeltests nach DIN 55529

In der Verpackungsindustrie werden peelbare und feste Versiegelungen anhand ihrer maximalem Peelkraft, die zum Versagen der Schweißnaht führt, klassifiziert. Zur Einstufung einer Siegelverbindung in peelbar bzw. fest gilt:

- Peelkraft: 5-10 N/15 mm = Peelbare Verbindung (s. Anhang 9.2)
- Peelkraft: >25 N/15 mm = Feste Verbindung

Um eine Aussage über die Festigkeitswerte der untersuchten Folienkombinationen anhand der in der Verpackungstechnik üblichen Messgröße Peelkraft zu geben, werden mit den zuvor ermittelten Parametern, die zu den höchsten maximalen Zugkräfte nach DIN EN ISO 527-1 geführt haben, weiter Schweißproben erstellt. Diese werden dann über einen T-Peel Test nach DIN 55529 durch Zugversuche untersucht und die Ergebnisse anhand der Kriterien zur Klassifizierung einer Siegelverbindung ausgewertet [Din11]. Die Peelkräfte sind bei dem Öffnen von verpackten Waren von wichtiger Bedeutung. Eine Einordung ist im Anhang zu finden.

Bild 4-7: Peelbare Verbindungen nach DIN 55529 Probenumfang 3

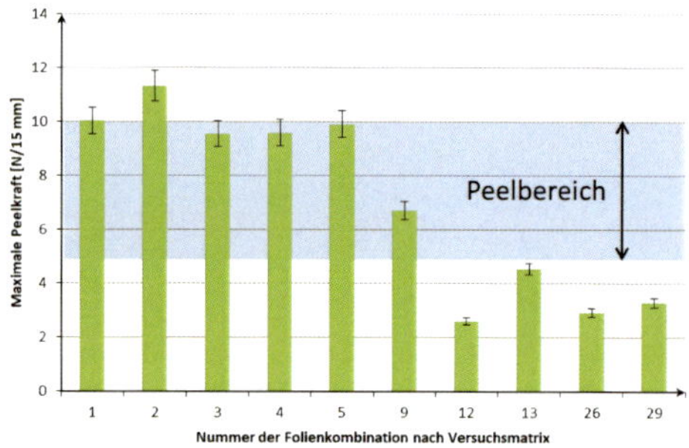

In blau ist der angestrebte Peelbereich hinterlegt. Die Peelkraftwerte von 5 der 10 Folienkombinationen liegen innerhalb des geforderten Bereiches. Die Peelkraft von Folienkombination 2, (PS/EVOH/PS-Al/HSL) überschreitet den Bereich um 1,3 N/15 mm. Über eine Erhöhung der Vorschubgeschwindigkeit kann die Peelkraft abgesenkt werden und so die Verbindung peelbar eingestellt werden. Die Peelkraft von Folienkombination 13 befindet sich mit 4,55 N/15 mm unterhalb der geforderten minimalen Peelkraft. Die von Folienkombinationen 12 (2,61 N/15 mm), 26 (2,92 N/15 mm) und 29 (3,29 N/15 mm) ermittelte Peelkraft ist unterhalb des geforderten Peelbereiches.

Bild 4-8: Feste Verbindungen nach DIN 55529 Probenumfang 3

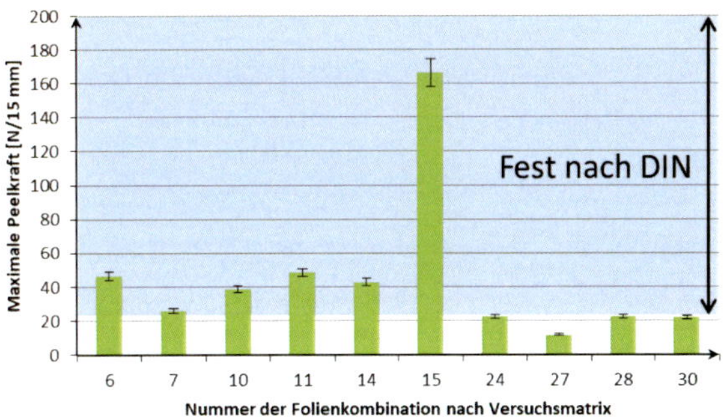

Das blau eingezeichnete Feld kennzeichnet den Bereich, in dem die Peelkraft einer Folienkombination liegen muss, um als feste Verbindung klassifiziert zu werden. Die Peelkräfte von 5 der untersuchten Folienkombinationen liegen innerhalb des Bereiches. Insbesondere die Peelkraft der Folienkombination 15 (APET-APET) befindet sich mit 166 N /15 mm weit im geforderten Bereich. Die ermittelte Peelkraft von Folienkombination 7, (PA/PE-BOPP/EVOH/PE) ist mit 25 N/15 mm genau auf der Untergrenze des Bereiches. Die Peelkräfte der Folienkombinationen 24 (22,32 N/15 mm), 28 (22,22 N/15 mm) und 30 (21,64 N/15 mm) liegen unterhalb der Untergrenze und können somit nicht als fest klassifiziert werden. Ebenfalls zu klein ist der erreichte Peelwert der Folienkombination 27 (BOPP-BOPP) mit 11,55 N/15 mm.

Bei dem qualitativen Vergleich der Ergebnisse von den durchgeführten Zugversuchen nach DIN EN ISO 527-1 und DIN 55529 zeigen die meisten Folienkombinationen gleiche tendenzielle Abhängigkeiten. Stark abweichend sind die Ergebnisse von Folienkombination 27 (BOPP-BOPP). Bei den Peeltest nach DIN 55529 kann in Relation zu den anderen Folienkombinationen eine deutlich geringe Peelkraft/Zugkraft aufgebracht werden, als dies bei den Zugversuchen nach DIN 527-1 möglich ist. Dies lässt sich möglicherweise anhand der Grenzschicht im Fügeebenenbereich erklären. Da die Einwirkungsrichtung der Zugkraft bei den beiden Zugversuchen unterschiedlich ist, versagt die Naht beim Peeltest aufgrund der ungünstigeren Belastung eher. Bei einigen Verbindungen zeigt sich gerade bei dem Peeltest eine Delamination zwischen den einzelnen Folienschichten, das dann zum Versagen der Schweißnaht führt.

Mikroskopische Untersuchung des Nahtbildes

Zur mikroskopischen Untersuchung der Schweißnähte werden Dünnschnitte aus den Rückstellproben gefertigt. Untersucht werden der optische Eindruck, Auffälligkeiten im Schweißnahtverlauf und Effekte auf den Folienverbund wie z.B. Verfärbungen, Wellenbildung oder Delamination. Exemplarisch ist in Bild 4-9 eine typische Analyse dargestellt.

Bild 4-9: Mikroskopische Untersuchung an Schweißnaht, Aufsicht und Dünnschnitt

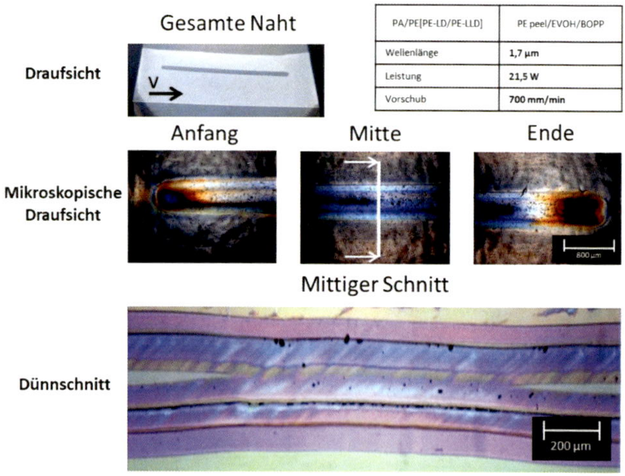

Die Schweißnaht zeigt in der Aufsicht keine Auffälligkeiten und wirkt gleichmäßig. In der mikroskopischen Aufsicht sind im Anfangs- und im Endbereich leichte Materialverfärbungen erkennbar. Der Verlauf der Schweißnaht ist unauffällig. Im mittigen Dünnschnitt sind die einzelnen verschiedenen Folienschichten der Folienverbunde gut zu identifizieren. Ebenso wird der Anhaftungsbereich in der Fügeebene deutlich. Eine Wärmeeinflusszone ist nicht zu sehen. An der Oberfläche sind keine Beschädigungen oder Materialeinfälle festzustellen. Die einzelnen Folienschichten bleiben unbeschädigt und die Grenzschichten sind, außer bei der Siegelschicht, zu erkennen.

Mehrschichtige Folienkombination mit Auffälligkeit:

In der Aufsicht der Schweißnaht sind leichte Eintrübungen und Unregelmäßigkeiten erkennbar. In der mikroskopischen Aufsicht zeigen sich Veränderungen am Schweißnahtanfang und –ende. Die gesamte Schweißnaht ist von einem dunkleren Rand umgeben. Im Dünnschnitt ist eine starke Wellenbildung im Bereich der Wärmeeinflusszone zu identifizieren.

Bild 4-10: Mikroskopische Untersuchung an Schweißnaht, Aufsicht und Dünnschnitt

BOPET/EVOH/PE peel	PE peel/EVOH/BOPET
Wellenlänge	1,7 µm
Leistung	21,5 W
Vorschub	375 mm/min

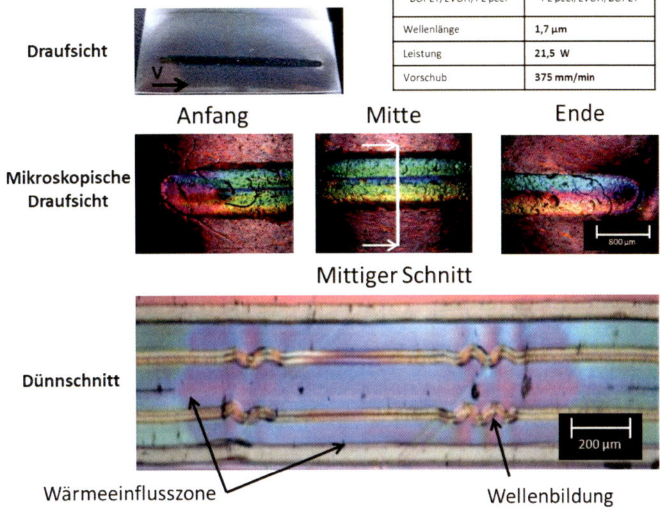

Die Wellenbildung verursacht den in der mikroskopischen Aufsicht zu sehenden dunklen Rand um die gesamte Schweißnaht. Bei exakt dieser Folienkombination werden auch bei dem konventionellen Siegelverfahren Wellenbildungen beobachtet. Somit handelt es sich nicht um durch das Laserdurchstrahlschweißen verursachte spezifische Abweichung. Nach dem aktuellen Stand der Forschung lässt sich diese Wellenbildung auf die Wärmeausdehnung der Schichten zurückführen. Die betreffende Schicht ist nach oben und unten durch weitere umgebende Schichten begrenzt bzw. der ganze Stack in vertikaler Richtung eingespannt. Eine Ausdehnung kann folglich nur in horizontale Richtung erfolgen, wodurch sich dann entsprechende Wellen bilden. Die Wärmeeinflusszone geht deutlich über den Bereich der Wellenbildung hinaus und hat eine ballige Form. Die Form der Wärmeeinflusszone lässt sich auf die kühlende Wirkung der beiden Andruckglasscheiben zurückführen. Dies wird in den weiteren Kapiteln dieser Arbeit noch detaillierter beleuchtet. Die Oberfläche der Folie zeigt keine Materialeinfälle oder Wellenbildungen.

4.2.2 Einfluss von nicht thermoplastischen Schichtmaterialien auf die Schweißeignung[2]

Müssen besondere Anforderungen an die Haltbarkeit oder die Barriereeigenschaften einer Folie gestellt werden und kann zudem auf die visuelle Transparenz der Polymerfolie verzichtet werden, können neben polymeren Zwischenschichten auch Schichten aus nicht polymeren Materialien verwendet werden, wie dies auch im vorhergehenden Kapitel bereits diskutiert wurde. Gebräuchlich ist der Einsatz von Aluminiumschichten, da diese eine exzellente Barrierewirkung gegenüber Sauerstoff aufweisen. Zu beachten hierbei ist, dass die eingebrachte Aluminiumfolie/-schicht auch für die Bearbeitungslaserwellenlänge der Laserstrahlquelle keine Transmissionseigenschaften mehr besitzt. Aluminium weist für die eingesetzten Laserstrahlquellen eine hohe Reflexion bei einer in weiten Teilen geringen Absorption im einstelligen Prozentbereich auf. Deutlich zu erkennen ist der dominierende Peak des im Folienverbund enthaltenen PETs bei 1665 nm, der durch die vollständige Reflexion der Laserstrahlung an der Aluminiumschicht im untersuchten spektralen Bereich dominierend wirkt. Eine Energiedeposition und somit eine Erwärmung sind damit nur in der PET-Schicht möglich. Die eingestrahlte Laserstrahlung durchläuft aufgrund der nahezu gerichteten Reflexion an der Aluminiumschicht die PET-Schicht zweimal und kann somit zweifach absorbiert werden. Ähnliche Effekte sind auch bei Betrachtung einer ganzen Folienkombination ohne metallische Anteile, aber mit metallischen Andruckmaterialien zu beobachten (vgl. Kapitel 4.2.5). In vielen verpackungstechnischen Anwendungen enthält auch nur eine der beiden zu fügenden Folien metallische Anteile.

[2] Dieses Kapitel enthält Ergebnisse aus den Abschlussarbeiten: A8; A10

Bild 4-11: Spektrum PET/AL/PE Verbundfolie von PET-Seite gemessen

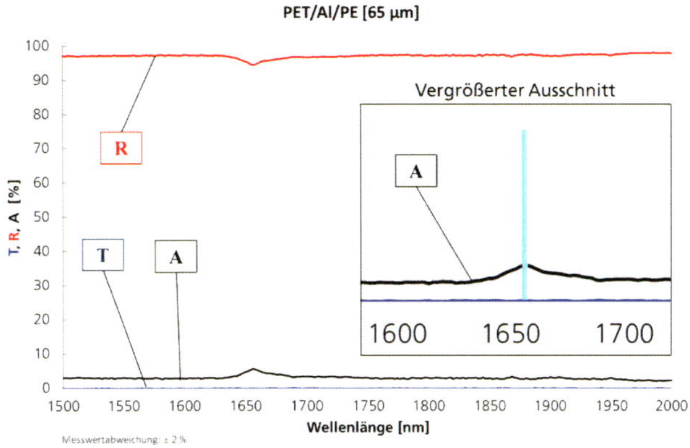

Zu nennen sind vor allem hier Anwendungen wie Joghurtbecher und Kaffeeverpackungen. Wird als Gegenfolie eine rein polymerbasierte Folie verwendet, ist eine Bestrahlung durch die polymere Folie, in der nachfolgenden Untersuchung amorphes PET, grundsätzlich möglich.

Bild 4-12: Mikroskopische Untersuchung an Schweißnaht, Aufsicht und Dünnschnitt

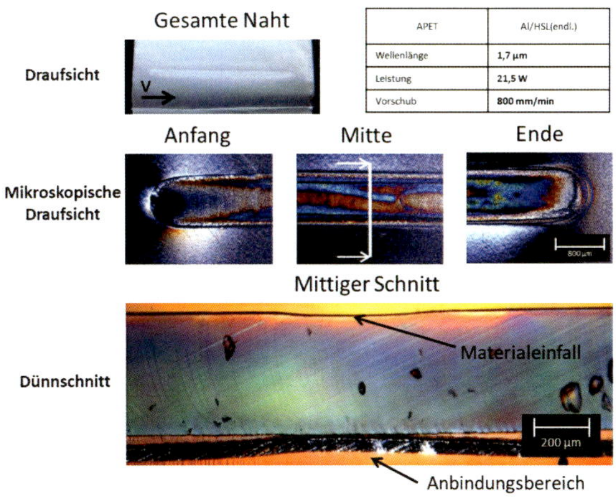

Die verwendeten Deckelfolien sind entweder mit einer Schicht aus PE oder Heißsiegellack behandelt, so dass ein Verbinden mit der rein polymerbasierten für die Laserwellenlänge transmissiven Becherfolie technisch möglich ist. Auch hier wirkt dann die metallische Substratfolie des Deckels wie ein Spiegel und ermöglicht eine erneute Propagation durch die Becherfolie.

Bedruckungen und Aufdrucke

Eine weitere häufig vorkommende nicht polymere Zwischenschicht bzw. Oberschicht im Folienstack sind Aufdrucke. Gerade im Bereich der Verpackungstechnik sind häufig Informationen und Kaufanreize mittels Aufdruckes auf Verpackungen aufgebracht. Diese z.B. Deckelfolien werden im Vorfeld mit dem entsprechenden Werbeaufdruck bedruckt und dann während des Verpackungsprozesses nach Befüllen, beispielsweise einer Schale mit Packgut, mit der laufenden Verpackungslinie synchronisiert und passend positioniert. In dem zu fügenden Bereich können sich jetzt verschiedenste Farbvariationen und Aufdrucke befinden. Dabei ist zu erwarten, dass der einstrahlende Laserstrahl ebenso mit diesen Aufdrucken wechselwirkt. Zur genaueren Analyse werden daher bedruckte Polymerfolien ausgewählt, für die im unbedruckten Fall passende Schweißparameter bekannt sind. Der Schweißnahtverlauf wird nun so gewählt, dass möglichst kontrastreiche und Bereiche hoher Farbvielfalt bearbeitet werden (Bild 4-13)

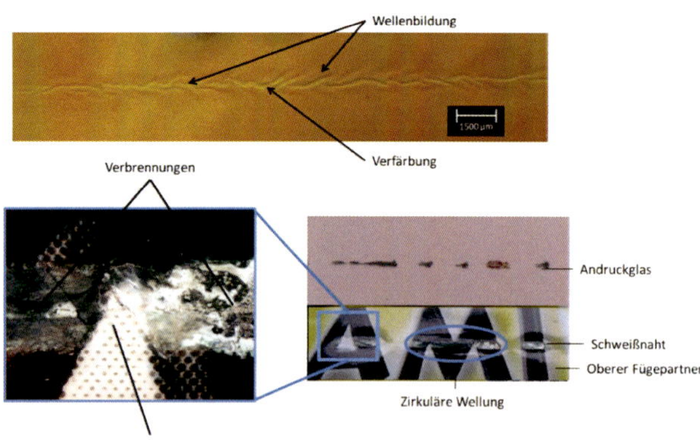

Bild 4-13: Schweißnahtverläufe durch bedruckte Bereiche der Oberfolie

Ersichtlich wird, dass sich die Farbe auf die optischen Eigenschaften der Polymerfolie auch im NIR-Bereich auswirkt. Je nach Farbgebung wird durch den Aufdruck die die Laserstrahlung unterschiedlich stark absorbiert bzw. gestreut. Ein schwarzer Aufdruck führt durch den in der Druckerfarbe enthaltenen Ruß zu einer oberflächennahen Absorption und damit zu einer Verbrennung der Oberfläche. Im Schnitt wird ersichtlich, dass keine Laserstrahlung mehr bis zur Fügeebene vordringen und sich entsprechend keine Schweißnaht ausbilden kann. In nicht schwarz bedruckten Bereichen kann hingegen eine Schweißung erfolgreich durchgeführt werden. Auffällig ist eine Verringerung der Schweißnahtbreite in den heller bedruckten Bereichen.

Eine spektrale Analyse der unterschiedlichen Farben (Bild 4-14) zeigt anhand von Messwerten, die bereits aus dem Schweißnahtverlauf ersichtlichen optischen Veränderungen durch das Aufbringen des Aufdrucks.

Bild 4-14: Spektrale Analyse der Reflexion abhängig von Farben

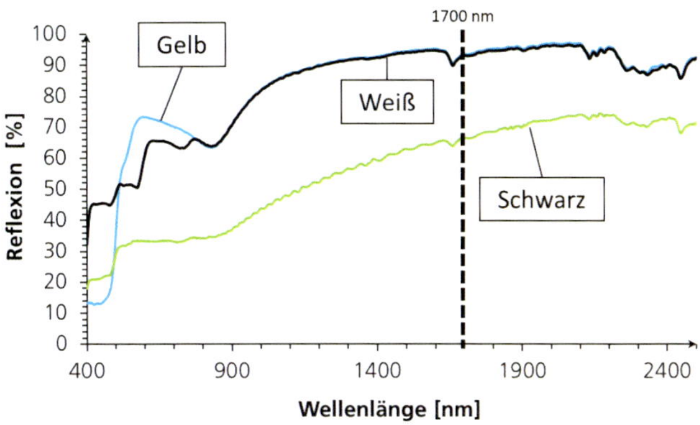

Nach Möglichkeit ist der Schweißnahtverlauf in Bereiche zu legen, wo eine gleichbleibende Farbgebung vorherrscht. Vor allem Bereiche mit rußbasiertem, schwarzem Aufdruck sollten von der Bearbeitung ausgeschlossen werden. Alternativ können Druckfarben verwendet werden, die keine Rußpartikel enthalten. Perspektivisch sollte geprüft werden, ob nicht durch eine gezielte Aufbringung einer Bedruckung die optischen Eigenschaften derart beeinflusst, werden können, so dass es zu einer Prozesseffizienzsteigerung kommt oder der Einsatz von klassischen Strahlquellen mit Emissionswellenlängen um 1 µm möglich ist. Denkbar ist auch, durch entsprechende Kameratechnik die IST-Farbe in der Wechselwirkungszone online zu erfassen und die Laserleistung entsprechend anzupassen. Auf mögliche Prozessbeobachtungstechnik und die mögliche Nutzung zur Regelung sei auf die Kapitel 6.4 dieser Arbeit verwiesen.

Kleberkaschierung

Vielfach lassen sich verschiedene Polymere aufgrund ihrer chemischen Inkompatibilität nicht direkt miteinander verbinden, stellen aber für die geforderten Anforderungsspezifikationen die idealen Lösungen dar. Für eine Realisierung werden daher sogenannte Haftvermittler (HV) eingesetzt. Diese wenige µm dicke Schichten werden zwischen die zu verbindenden Schichten eingebracht. Informationen zur exakten Zusammensetzung dieser Haftvermittler sind stark Knowhow behaftet und daher in den meisten Fällen nicht frei zugänglich. Grundlegend kann aber zwischen thermoplastischen und duroplastischen Haftvermittler unterschieden werden. Besonders bei duroplastischen Haftvermittler besteht die Gefahr, dass diese sich bei einer direkten Absorption zersetzen und so dauerhaft geschädigt werden. Genau wie andere Schichten im Polymerfolienverbund, stellt die Haftvermittlerschicht eine einzeln zu betrachtende Schicht hinsichtlich ihrer spektralen und Wärmeleitungseigenschaften dar. Um die optischen Eigenschaften für den in der $PET_{12}PE_{90}$ Folie eingesetzten Kaschierkleber zu bestimmen, wird dieser bewusst derart eingebracht, dass eine Haftung mit den übrigen Folienschichten nicht zustande kommt. Dies ermöglicht eine mechanische Delamination der Schichten und eine Extraktion des Kaschierklebers.

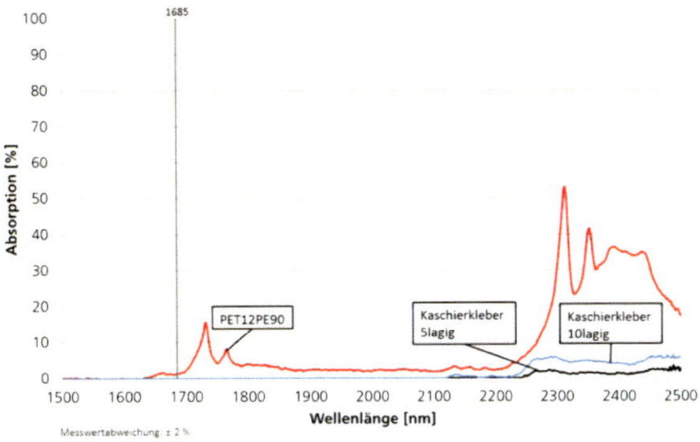

Bild 4-15: Spektrale Analyse des Kaschierklebers mit unterschiedlichen Lagenanzahlen

Da typische Haftvermittler nur wenige µm Dicke aufweisen, im vorliegenden Fall 5 µm, ergibt sich ein entsprechend geringes Absorptionsvermögen. Dieses liegt unterhalb des Empfindlichkeitsbereichs des für die Messung verwendeten UV-VIS-NIR Spektrometers. Um eine Aussage über die optischen Eigenschaften treffen zu können wird die Materialstärke durch eine Vergrößerung der Anzahl der HV-Schichten und somit einer Erhöhung des Absorptionsvermögens durchgeführt. Durch die Erhöhung der Materialdicke verändert sich die Transmission bzw. Absorption nicht, aber die spektrale Position der Absorptionspeaks (vgl. Kapitel 3.1). Wird jetzt beispielsweise eine Diodenlaserstrahlquelle mit einer Bearbeitungswellenlänge von 1685 nm eingesetzt, wird ersichtlich, dass keine direkte Energiedeposition über Absorptionsvorgänge in den Haftvermittler erfolgt. Mögliche sekundäre Energieexpositionen einer Haftvermittlerschicht durch z.B. Wärme in Folge von Wärmeleitung, werden in Kapitel 5 intensiv beleuchtet und diskutiert.

4.2.3 Polymerfolien aus Biopolymeren bzw. mit Biopolymeranteilen[3]

Wie zu Beginn motiviert stellt das 2019 erlassene Verpackungsgesetz weitreichende Anforderungen an die Recyclingquoten [Vpg19]. Polymere aus nachwachsenden Rohstoffen könnten hierfür eine sinnvolle Lösung darstellen. Für zukunftsorientierte Untersuchungen werden daher drei repräsentative Biopolymere mit unterschiedlichen Dicken ausgewählt, wie sie für typische, folienbasierte Produkte angewendet werden können. Ziel

[3] Dieses Kapitel enthält Ergebnisse aus den Abschlussarbeiten: A5; A6; A9

ist dabei zu prüfen, ob das für marktübliche Polymerfolien erarbeitete Prozesswissen sich auch auf Biopolymere übertragen lässt. Die ausgewählten Polymere sind eine Polymilchsäure (PLA), ein Bio-Polyethylenterephthalat (Bio-PET) und ein Bio-Polyethylen (Bio-PE). Bei allen Materialien handelt es sich um Mustermaterialien von verschiedenen Herstellern, die sich noch in der Entwicklung befinden. PLA wird durch chemische Synthese aus Milchsäure hergestellt, gehört zur Gruppe der biobasierten Rohstoffe und ist biologisch abbaubar. Die für die Experimente ausgewählte PLA-Folie wird z.B. bei der Herstellung von Plastiktüten verwendet. Das verwendete Bio-PET besteht zu 30 % aus Monoethylenglykol und zu 70 % aus Terephthalsäure. Theoretisch besteht der Monoethylenglykol-Anteil vollständig aus biogener Masse (Zuckerrohr). Die chemisch identische Struktur von Bio-PETs im Vergleich zu PETs auf petrochemischer Basis lässt vermuten, dass sie sich in den Untersuchungen ähnlich verhalten.

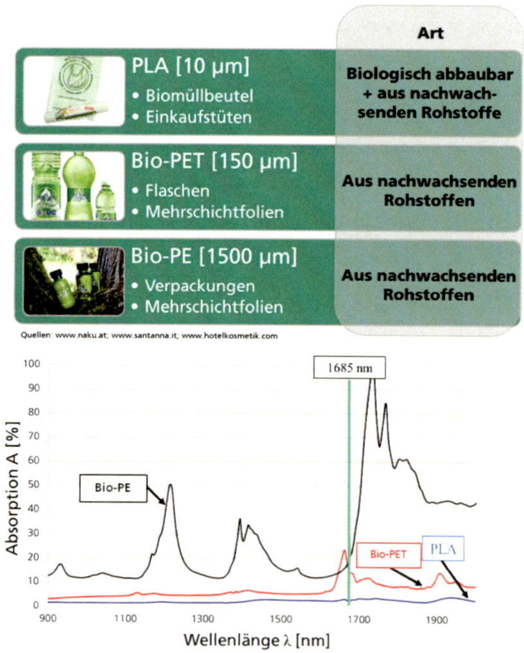

Bild 4-16: Zuordnung der Folien zu Anwendungen und Art; Optische Eigenschaften der ausgewählten Biopolymere [Brm18]; [A6]

Eine typische Anwendung für Bio-PET sind Lebensmittelverpackungen und Flaschen. Das ausgewählte Bio-PE besteht zu fast 100 % aus nachwachsenden Rohstoffen. Bei der Herstellung von Bio-PE wird das Biopolymer-Material durch Dehydrierung von Ethanol (Ethylalkohol) auf der Basis von Zuckerrohr gewonnen. Bio-PE kann für Verpackungsanwendungen, aber auch für technische Bauteile wie Rohre oder ähnliches verwendet werden. Das Bio-PE ist wie das Bio-PET auch eine Drop-In-Variante.

Um nun die Schweißbarkeit mit Laserstrahlung zu untersuchen, werden mit einem geeigneten Versuchsaufbau Untersuchungen durchgeführt. Dabei besteht die verwendete Laserstrahlquelle mit angepasster Wellenlänge aus einem Multimode-Diodenlaser mit einer Spitzenwellenlänge von 1685 nm. Die maximale optische Leistung beträgt 84 W an der Werkstückoberfläche. Das Diodenlasermodul und die Laseroptik sind durch eine optische Faser mit einem Kerndurchmesser von 600 µm gekoppelt. Mit einer passenden Laseroptik wird die Laserstrahlung in einem Abstand von 200 mm in Luft auf einen gemessenen Spotdurchmessers von 680 µm im Fokus fokussiert. Nach einer vorhergehenden Reinigung werden die Proben in überlappender Anordnung positioniert und in einer pneumatischen Spannvorrichtung zwischen einer Glasplatte und einer Aluminiumgrundplatte fixiert (Bild 4-17).

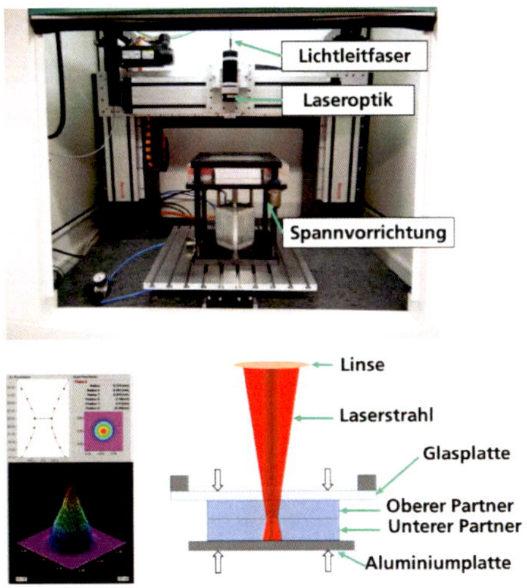

Bild 4-17: Versuchsaufbau für das Laserschweißen von Biopolymeren [Brm18]

Die fokussierte Laserstrahlung wird an der Oberfläche der Aluminium-Grundplatte reflektiert und breitet sich wieder durch den Probenstapel aus. Insbesondere bei dünnen Materialien (kompletter Folienstapel innerhalb der Rayleighlänge) kann auf diese Weise die Effizienz des Prozesses erhöht werden. Für einen stabilen Laserdurchstrahlschweißprozess ist eine Oberflächenkraft von mindestens 0,08 N/mm² erforderlich (vgl. Kapitel 4.2.4). Die Größe der Proben ist im Verhältnis zu den Abmessungen der Glasplatte und der Aluminiumgrundplatte deutlich kleiner, so dass eine insgesamt flache Pressung gewährleistet ist. Darüber hinaus wird eine wesentlich höhere Oberflächenkraft aufgebracht als es zum Erreichen der 0,08 N/mm² erforderlich wäre.

Die ausgewählte PLA-Folie kann mit dem Laserdurchstrahlschweißverfahren verbunden werden. Die Neigung zur Bildung von Mikrogasblasen macht sich bereits bei geringem Energieeintrag bemerkbar. Bild 4-18 zeigt die Entwicklung dieser Gasblasen in Abhängigkeit von der Vorschubgeschwindigkeit. Die Gasblasen breiten sich in der gesamten Schweißnaht aus und nicht, wie dies bei zu hohem Energieeintrag zu erwarten wäre, in der Mitte der Schweißnaht aufgrund des Gauß-ähnlichen Intensitätsprofils. Bei geringer Mikrogasblasenbildung (Bild 4-18; (1) - (3)) sind keine merklichen Auswirkungen auf die Festigkeit zu beobachten. Dabei bleibt zu untersuchen, welchen Einfluss diese Mikrogasblasen auf die Gasdurchlässigkeit haben, wenn die PLA-Folie als Verpackungsmaterial Anwendung findet. In (Bild 4-18; (4)) sind die ersten Gasblasen in der Schweißnaht zu erkennen, die mit abnehmender Schweißgeschwindigkeit in Anzahl und Größe zunehmen. In (Bild 4-18; (1)) ist die gesamte Schweißnaht von Gasblasen durchdrungen. Eine weitere Reduzierung der Vorschubgeschwindigkeit führt zur Zersetzung und sogar zur vollständigen Verbrennung des PLA. Auch die Schweißnahtbreite nimmt mit abnehmender Schweißgeschwindigkeit aufgrund des höheren Energieeintrags oder der längeren Wechselwirkungszeit zu. Die zu beobachtenden Gasblasen lassen sich nach weiteren Untersuchungen auf Wassereinlagerungen im PLA zurückführen. Durch den Temperaturanstieg im Wechselwirkungsbereich mit der Laserstrahlung wird das Wasser verdampft und bildet so die sichtbaren Blasen. Dies erklärt ebenfalls die Zunahme der Blasenanzahl mit geringerer Vorschubgeschwindigkeit durch eine höhere Energiedeposition und damit höherer Temperatur. Abhilfe könnte hier ein Trocknen der Folien vor der Verschweißung bringen, wie dies auch bei Bauteilen aus PA vor dem Laserdurchstrahlschweißen in einem Ofen durchgeführt wird.

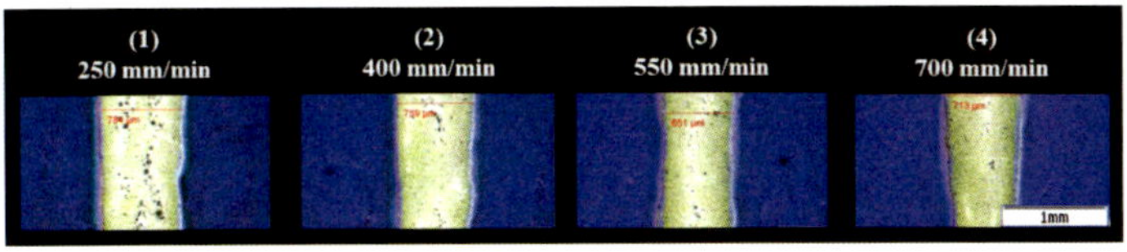

Bild 4-18: Mikroskopische Aufsicht auf PLA-Schweißnähte bei konstanter Laserleistung von 22,4 W [Brm18]

Zusätzlich fällt auf, dass die Schweißnahtbereite über den Verlauf (1) (3) der Schweißnaht schwankt. Dies ist wahrscheinlich auf Schwankungen der Materialstärke zurückzuführen und der dadurch ortsabhängigen Energiedeposition. Eine andere mögliche Erklärung für die Schwankungen in der Schweißnaht wäre eine unzureichende oder nicht vollflächige Andruckkraft, die jedoch durch die Verwendung eines druckempfindlichen Indikatorfilms ausgeschlossen werden kann. Da auch die Mikrogasblasen als Schweißnahtfehler angesehen werden können, zeigen die Untersuchungen, dass PLA ein kleineres Prozessfenster aufweist als die anderen untersuchten Biopolymere. Darüber hinaus verändert sich PLA optisch in Abhängigkeit von der Wechselwirkungszeit zwischen Laserstrahlung und Polymer.

Die Ergebnisse des Drop-In Bio-PET und Bio-PE sind hingegen im Vergleich sehr ähnlich. Darüber hinaus zeigen beide allgemeine Ähnlichkeiten zu den konventionellen petrochemischen Polymerderivaten. Dies lässt sich durch die einheitliche Molekularstruktur der Drop-In-Varianten gegenüber ihren petrochemischen Versionen erklären. Die erreichten Festigkeiten liegen in einem Bereich, der als fest beschrieben werden kann. Bild 4-19 zeigt ein Beispiel für ein Prozessfenster für das Bio-PET.

Bild 4-19:
a) Maximale Scherzugfestigkeit nach DIN EN ISO 527-1 in Abhängigkeit von Schweißenergie,
b) Dünnschnitt von Bio-PE
[Brm18]

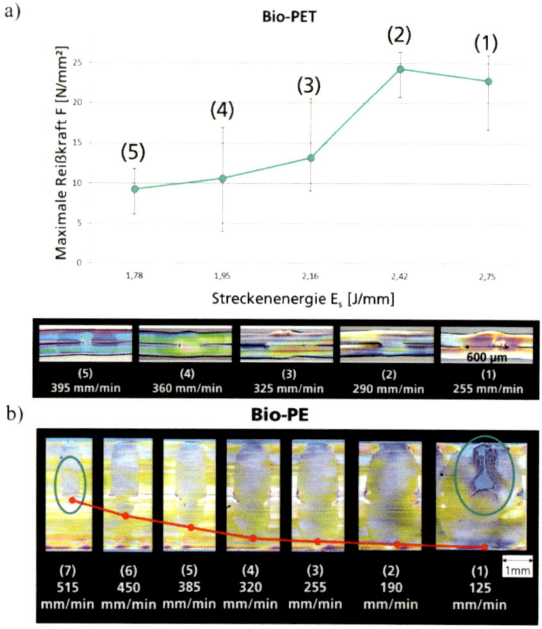

Die Stichprobengröße pro Datenpunkt beträgt drei Stichproben. Für jeden Datenpunkt werden Dünnschnitte angefertigt, um die Entwicklung der Schweißnaht in Abhängigkeit vom Energieeintrag zu untersuchen. Sichtbare Dickenschwankungen in Mikrotomschnitten lassen sich durch Kompression und Dehnung des Materials während des filigranen Dünnschnittverfahrens erklären. Deutlich zu erkennen ist, dass das Scherzugfestigkeitsmaximum zwischen 2,42-2,75 J/mm Streckenenergie liegt. Auch die Standardabweichung ist bei diesen Werten am kleinsten. Aus diesem Grund ist eine gewählte Streckenenergie von etwa 2,50 J/mm ein Richtwert für das Laserschweißen von Bio-PET. Mit zunehmender Streckenenergie nimmt die maximale Zugscherfestigkeit durch Gasblasenbildung und -zersetzung wieder ab. Dies lässt sich auch in den Dünnschnitten gut nachvollziehen. Schweißnaht (1) zeigt eine Gasblasenbildung in der Mitte der Naht, die den Nahtquerschnitt und die maximale Zugscherfestigkeit verringert. Die Ergebnisse für die Dünnschnitte des Bio-PE zeigen eine ähnliche Entwicklung wie beim Bio-PET. Nach geringer Verbindung (7) nehmen die Breite und Form der Schweißnaht kontinuierlich zu, bis sich (1) durch Zersetzung Gasblasen in der Mitte der Naht bilden. Der Dickenunterschied zwischen den beiden Materialien ist auch an den Dünnschnitten zu erkennen. Die Effizienz des Laserdurchstrahlschweißverfahrens mit angepasster Wellenlänge ist direkt an das Absorptionsvermögen des jeweiligen Biopolymers gekoppelt. Für das Laserschweißen des Bio-PET ist eine optische Laserleistung von 6 W bei einer Emissionswellenlänge von 1685 nm erforderlich, um eine feste Verbindung zu erreichen, während für das Bio-PE bei ähnlichen Festigkeiten und gleicher Geschwindigkeit 50 W erforderlich sind. Dies ist auf die unterschiedlichen Absorptionseigenschaften der beiden Materialien bei 1685 nm zurückzuführen. Ein noch offener Aspekt, der in den nachfolgenden Kapiteln dieser Arbeit untersucht wird, ist der Einfluss der Wärmeleiteigenschaften der Materialien der Spannvorrichtung auf die Schweißnaht. Dies könnte insbesondere bei dünnen Materialien einen Einfluss haben. In den Bio-PE-Dünnschnitten ist dies in Form eines runden Verlaufs der Wärmeeinflusszone deutlich zu beobachten

Die an den drei ausgewählten Biopolymeren durchgeführten Untersuchungen zeigen eine allgemeine Schweißbarkeit mit dem Laserdurchstrahlschweißverfahren. Die Ausbildung der Schweißnähte des im Dünnschnitt untersuchten Bio-PE ist ähnlich wie beim Bio-PET. Die erzielten Schweißnähte des PLA und Bio-PET weisen eine ausreichende Nahtfestigkeit und Reproduzierbarkeit im verwendeten Versuchsaufbau auf. Die im Laserdurchstrahlschweißverfahren erreichte Festigkeit der Schweißnaht liegt im Bereich der Grundwerkstofffestigkeit.

4.2.4 Mindestfügedruck, Spaltüberbrückbarkeit und Lagensprünge[4]

Wie anfangs bereits eingeführt, ist zum erfolgreichen Verbinden zweier Polymerfolien zwingend ein Fügedruck erforderlich. Durch den aufgebrachten Fügedruck wird idealerweise ein technischer Nullspalt erreicht, so dass sich die Schmelzevolumina der beiden übereinander angeordneten Polymerfolien durchmischen und die Polymerketten sich verschlaufen können. Da Polymerfolien, im Vergleich zu den bisher in anderen Arbeiten untersuchten dickwandigeren Bauteilen (<1000 µm), eine geringere Biegesteifigkeit, eine hohe Flexibilität und zudem aufgrund der vergleichsweisen geringeren Dicken eine volumenmäßige in vertikaler Richtung klei-

[4] Dieses Kapitel enthält Ergebnisse aus der Abschlussarbeit: A8

nere Schmelzzone aufweisen, wird die notwendige minimale Flächenpresskraft experimentell an zwei repräsentativen Polymerfolien untersucht. Hierzu wird sukzessive die Andruckkraft erhöht und die Festigkeiten der Verbindung im T-Peel Test nach DIN EN 55529 ausgewertet. Weitere Informationen zu den Randbedingungen und zur Durchführung der Zugversuche sind im Anhang zu finden.

Bild 4-20: Einfluss des Fügedrucks auf die maximale Peelkraft mit grafisch ermitteltem Schwellwert für Mindestandruck

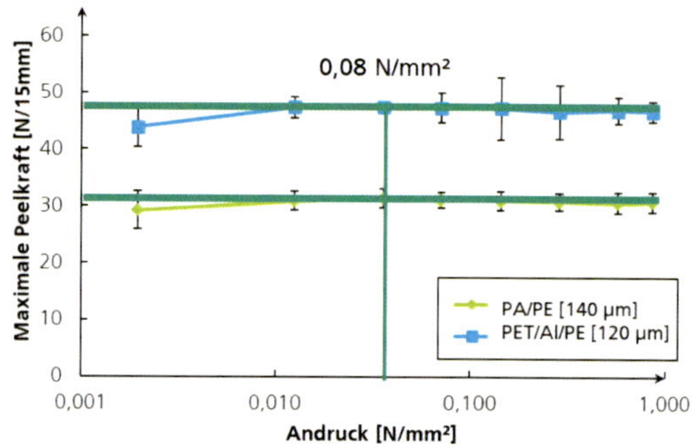

Bild 4-20 zeigt, dass ab einem Schwellwert von 0,08 N/mm² im Rahmen der Messabweichungen bei gleichen Laserprozessparametern keine merkliche Festigkeitssteigerung mehr mit Erhöhung des Fügedrucks erzielt werden kann.

Der technische Nullspalt kann im realen Prozess nicht immer gewährleistet werden. Gründe hierfür sind z.B. Dickenschwankungen im Material, inhomogener Flächendruck oder Kontaminationen in und um den Nahtbereich. Daher wird im Folgenden untersucht, wie groß die Spaltüberbrückbarkeit ist. Hierzu wird zwischen den Folien ein definierter Abstand mittels verschieden dicker Metallfolien eingebracht (vgl. Bild 4-21).

Bild 4-21:
Untersuchungen zur Spaltüberbrückbarkeit von Polymerfolien

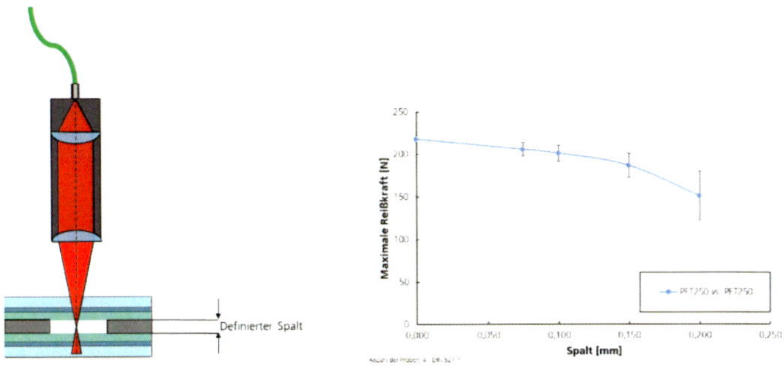

Hierbei zeigt sich, dass die maximale Reißkraft mit zunehmendem Abstand abnimmt. Eine ähnliche Fragestellung wie die der Spaltüberbrückbarkeit ist, wie sich laserbasierte Schweißprozesse bei Lagensprüngen verhalten, also dem Ansteigen der zu verschweißenden Schichten von z.B. zuvor zwei auf drei oder vier. Dies ist bei der Produktion von Beuteln der Fall, bei denen die zuvor erstellte Längsnaht umgeklappt wird und so im Bereich der nachfolgenden Quernähte liegt (vgl. Bild 4-22)

Bild 4-22:
Typische Lagensprünge bei Polymerverbundfolien

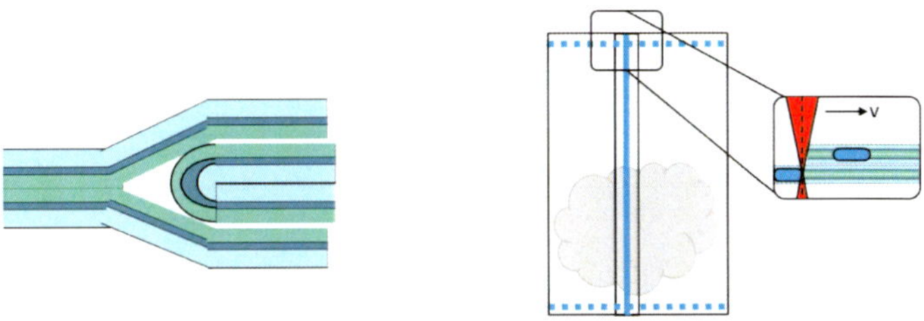

Ebenso wenn Beutel Laschen enthalten oder dreidimensionale selbststehende Beutel erzeugt werden sollen, sind im Randbereich Lagensprünge zu finden. Da für die Untersuchungen eine lokale ausreichende Fügekraft gewährleistet werden muss (vgl. Bild 4-23), wird eine spezielle Laserschweißoptik, bei der der Strahl koaxial durch eine abrollende Glaskugel geführt wird, in Verbindung mit einer wellenlängenangepassten Diodenlaserstrahlquelle eingesetzt. Durch das Abrollen der Kugel kann auch bei einem Lagensprung ein lokaler Andruck im entsprechenden Wechselwirkungsbereich gewährleistet werden.

Bild 4-23: Lagensprung von zwei auf drei und vier im Längsdünnschnitt

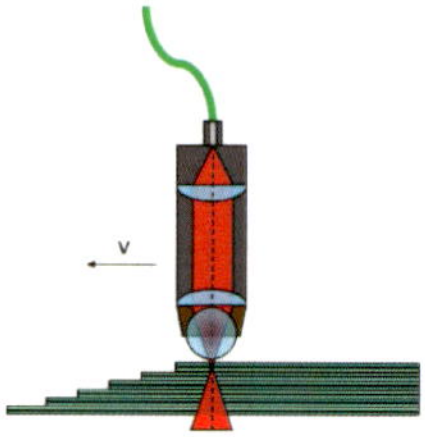

Deutlich wird, dass mit zunehmender Anzahl der Lagen die Schweißnahtbreite geringer wird, aber weiterhin eine Verschweißung möglich ist. Lagensprünge über vier Folienverbunde sind im Verpackungsumfeld eher selten, dennoch wird im Folgenden die Anzahl der Folienverbunde weiter erhöht.

Bild 4-24: Ergebnisse zu den Lagensprüngen mit vielen Folienverbundschichten und gemessene Strahlkaustik Globo und Dicke der Folie

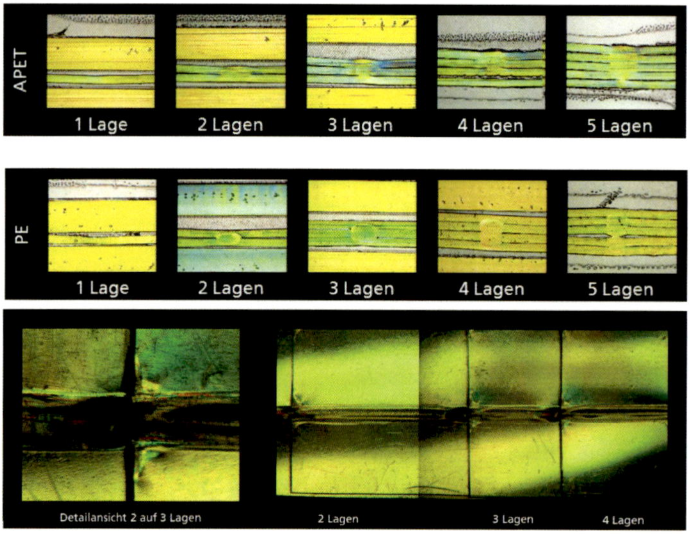

Hierbei zeigt sich, dass sich ab einem Folienverbundstapel von acht keine vollständige Verschweißung mehr erzielen lässt. Die große Anzahl der schweißbaren Lagen lässt sich mit der Rayleighlänge in Verbindung mit der Absorptionslänge der Folie erklären. Da der gesamte Folienverbund

innerhalb der Rayleighlänge liegt, kann von einer annähernd gleichen Intensitätsverteilung entlang der Propagationsrichtung ausgegangen werden. Da entsprechend die Laserstrahlung geschwächt wird, sinkt der Wirkdurchmesser mit zunehmender Z-Position ab, was dazu führt, dass die Schweißnahtbreite abnimmt. Die hohe Transmissionsrate der Einzelfolien bzw. des Folienstacks, die einem effizienteren Prozess teilweise entgegensteht, siehe Kapitel 6, wirkt sich hier positiv aus, um Lagensprünge zu kompensieren.

4.2.5 Einfluss der eingesetzten Materialien zur Andruckaufbringung auf den Prozess

Die Materialien des Andrucksystems stehen in direktem Kontakt mit den Polymerfolien. Polymere haben in den meisten Fällen eine geringe Wärmeleitfähigkeit. Durch die geringe Dicke von Polymerfolien, zumeist innerhalb der Rayleighlänge der Laseroptik, ist zu erwarten, dass die optischen Eigenschaften, aber vor allem die Wärmeleitungseigenschaften des Andruckmaterials sich deutlich stärker auf die Schmelzebildung innerhalb der Fügezone auswirken als dies bei dickeren Materialien der Fall ist. In vorhergehenden Kapiteln ist das bei durchgeführten Untersuchungen bereits benannt worden. Für die Realisierung des Andruckes auf der Oberseite gibt es verschiedene Konzepte. Hierzu zählen unter anderem Glasplatten, Glaskugeln (vgl. Globooptik), koaxiale Luftstrahlen, Spannbrillen oder auch dünne Folien, mit denen das Bauteil überzogen wird und durch Absaugen der Luft aus der entstandenen Tasche flächig die Fügekraft aufgebracht werden kann. Während der obere Andruckkörper zwingend aus für die Laserstrahlung transparentem Material oder Medium bestehen muss, kann das Material der Unterlage in vielen Anwendungen frei gewählt werden. Somit stellt insbesondere die Wahl des Materials der Unterlage einen gut kontrollierbaren Parameter dar. Um den Einfluss unterschiedlicher Andruckmaterialien auf den Schweißprozess genauer zu spezifizieren, werden bei sonst konstanten Laserparametern unterschiedliche Andruckmaterialien auf der Unterseite verwendet. Bild 4-25 zeigt die untersuchten Materialien, die gemessenen optischen Eigenschaften und die Wärmekapazität und Wärmeleitfähigkeit der jeweiligen Materialien.

Bild 4-25: Optische Eigenschaften von Unterlage mit eingesetzter Laserwellenlänge [Brm21]

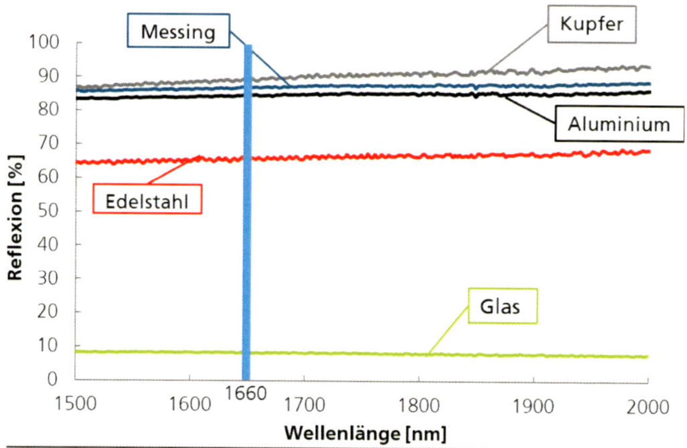

Material	Spezifische Wärmekapazität [J/gK)]	Wärmeleitfähigkeit [W/mK]
Aluminium	0,89	235
Glas	0,84	1
Kupfer	0,38	394
Messing	0,377	120
Edelstahl	0,477	15

Da Glas bzw. Quarz-Weißglas, in vielen Laserkunststoffschweißanwendungen auch industriell etabliert ist, und zudem die geringste Wärmeleitfähigkeit aufweist, werden die Prozessparameter für diesen Anwendungsfall passend ausgewählt. Weißglas stellt somit die Referenz für die weiteren Untersuchungen dar. Für die ausgewählte marktübliche Polymerfolie PET_{12}/PE_{90} wird jetzt über eine Vorschubgeschwindigkeitsvariation das gesamte Prozessfenster in äquidistanten Schritten abgebildet. Sämtliche Parameter werden nun im Rahmen der technischen Möglichkeiten konstant gehalten und nur das Material der Unterlage gewechselt. Genutzt wird hierfür eine LIMO-Diodenlaserstrahlquelle mit einer Peak Laserwellenlänge von 1660 nm, einer optischen Leistung von 60 W an der Werkstückoberfläche, einem Faserkerndurchmesser von 600 µm und einer Fokussieroptik von 200 mm Brennweite. Die Auswertung erfolgt anhand einer Gegenüberstellung von Dünnschnitten und Vermessung der Schweißnahtbreite (Bild 4-26).

Bild 4-26: Dünnschnitte der durchgeführten Schweißversuche mit PET/PE vs. PET/PE bei verschiedenen Unterlagen und Variation der Vorschubgeschwindigkeit im Bereich zwischen 4 und 12 mm/s [Brm21]

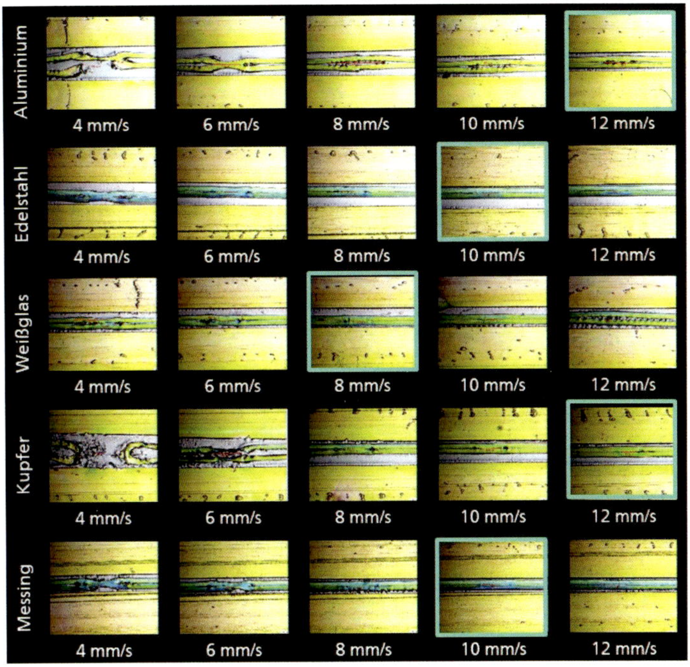

Farblich markiert sind jeweils die sowohl von der Festigkeit als auch von dem visuellen Eindruck her besten Schweißnähte. Die Ergebnisse zeigen erwartungsgemäß einen starken Einfluss des Materials der Unterlage auf den Schweißprozess selbst. Für Weißglas liegt das Optimum mittig (v = 8 mm/s) in dem betrachteten Bereich und repräsentiert somit auch den vollständigen prozessrelevanten Bereich von Anhaftung bis zur Zersetzung. Bei den übrigen Materialien liegen die als gut definierten Schweißnähte alle in höheren Prozessgeschwindigkeitsbereichen. Dies lässt sich mit der deutlich höheren Reflexion als bei dem Weißglas begründen. Effekte der Reflexion scheinen hier zu dominieren. Besonders bei Kupfer und Aluminium fällt hingegen die starke Zerstörung bei geringeren Vorschubgeschwindigkeiten auf. Wird die zuvor betrachtete Wärmeleitfähigkeit in Relation gesetzt, ist feststellbar, dass mit größerer Wärmeleitfähigkeit die Zerstörung größer wird. Das Andruckmaterial erhitzt sich lokal unter der eigentlichen Wechselwirkungszone und sorgt dadurch dafür, dass nicht die höchste Temperatur um die Fügeebene erreicht wird, sondern über den gesamten Querschnitt. Weiterführende Untersuchungen zur Lage der durch Absorption initiierten Wärmequelle innerhalb des Folienstacks erfolgen in Kapitel 5. Die Ergebnisse sollten, sofern das Material der Unterlage frei zu wählen ist, Berücksichtigung finden, um einen möglichst effizienten Schweißprozess bei höheren Prozessgeschwindigkeiten zu erreichen (vgl. Kapitel 6).

4.3 Einfluss der Strahlformung auf den Laserdurchstrahlschweißprozess von Polymerfolien[5]

Laserfokussieroptiken werden verwendet, um die Laserstrahlung für den oben beschriebenen Prozess nach Bedarf zu formen. Eine Strahlformungsoptik besteht in der Regel aus mehreren Linsen mit einer entsprechenden Antireflexbeschichtung auf der Oberfläche, um den Energieverlust zu reduzieren. Wichtige Parameter, die für eine Strahlformungsoptik eingestellt werden können, sind die Brennweite der letzten Fokussierlinse, die den Abstand zwischen der Laseroptik und der Materialoberfläche beeinflusst, der Strahldurchmesser im Fokusbereich und die numerische Apertur. All diese Parameter sind physikalisch miteinander verknüpft. Eine Änderung eines Parameters führt unweigerlich zu einer Änderung der anderen.

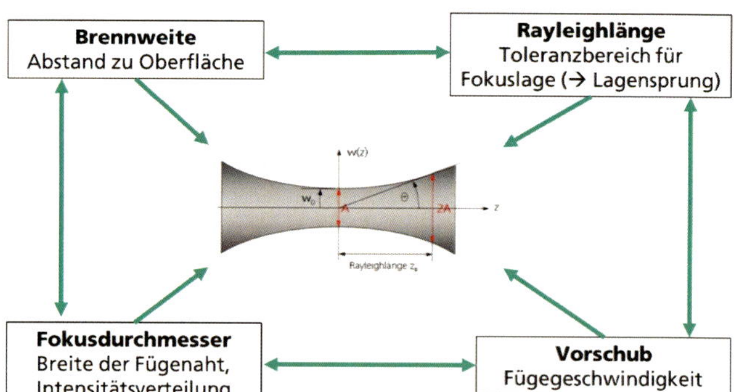

Bild 4-27: Grafische Darstellung der Zusammenhang relevanter Größen bei Auslegung der Strahlformung von Laserstrahlung

Bei vielen Einsatzszenarien gibt es jedoch einen Zielkonflikt zwischen den einzelnen Parametern. So kann es z.B. wünschenswert sein, eine sehr schmale Schweißnaht zu erhalten und dennoch einen großen Abstand

[5] Dieses Kapitel enthält Ergebnisse aus der Abschlussarbeit: A8

zwischen der Materialoberfläche und der Laseroptik einzuhalten. Denkbar sind auch Änderungen in der Anzahl der Schichten oder eine fördertechnisch bedingte Z-Schwankung. Idealerweise sollte die Laseroptik so ausgelegt sein, dass diese prozesstechnischen Einflüsse kompensiert werden. Der Aufbau einer Strahlformungsoptik wird in der Regel mit Hilfe von einer Raytracing-Software konstruiert. Für die folgenden Untersuchungen wurde für die Laseroptik die Strahlpropagation mit ZEMAX® Optic Studio 16 simuliert.

Der Versuchsaufbau besteht aus einem nLight-Diodenlaser mit einer Peak Emissionswellenlänge von 1685 nm und einer maximalen optischen Ausgangsleistung von 100 W am Faserende. Der Laserstrahl wird durch eine Glasfaser mit einem Kerndurchmesser von 600 µm von der Laserstrahlquelle zur Fokussieroptik geführt. Die Laseroptik besteht aus mehreren Linsen, die modular ausgetauscht werden können, um unterschiedliche Brennweiten und damit auch Fokusdurchmesser zu realisieren.

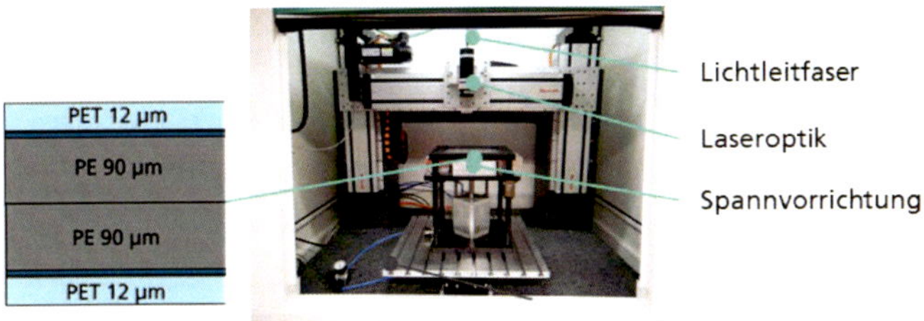

Bild 4-28: Detaillierter Ansicht des Folienstacks (l); realer versuchs-aufbau mit Spannvorrichtung (m); CAD-Modell des Versuchsaufbaus (r)

Die verwendete mehrschichtige Polymerfolie ist eine Zweischichtfolie, bestehend aus einem 12 µm Polyethylenterephthalat (PET) auf der Außenseite und einem 90 µm linearen Polyethylen niedriger Dichte (PE) auf der Innenseite. Die beiden Schichten sind mit einem Haftvermittler von wenigen µm Dicke verbunden. Diese Art von Mehrschichtfolie ist in der Industrie weit verbreitet und wird hauptsächlich für Lebensmittelverpackungen verwendet. Für das Laserdurchstrahlschweißverfahren werden die Polymerfolien überlappend so positioniert, dass PE gegen PE zentriert ist. Der Fügedruck wird auf der Oberseite durch eine für den Laserstrahl transparente Glasplatte aufgebracht. Auf der Unterseite wird ein Saphirglas verwendet, um auch hier während des Schweißprozesses einen optischen Zugang in einem spektral sehr breiten Bereich für weitere Untersuchungen zu haben. Der fokussierte Laserstrahl breitet sich vertikal von oben in den Versuchsaufbau aus und wird mit einem XY-Achsensystem entlang der gewünschten Kontur bewegt. Um den Einfluss des Abstands zwischen der

Laserstrahlformungsoptik und der Materialoberfläche zu untersuchen, wird eine modulare Laseroptik verwendet. Diese Laseroptik kann in vier Schritten modifiziert werden, um Abstände von 100, 200, 300 und 400 mm zwischen Optik und Polymerfolienoberfläche zu realisieren (Bild 4-29).

Bild 4-29: Grafische Darstellung der verschiedenen eingesetzten Brennweiten f= 100 bis 400 mm (l); Simulierte Strahlkaustik im Fokusbereich (r)

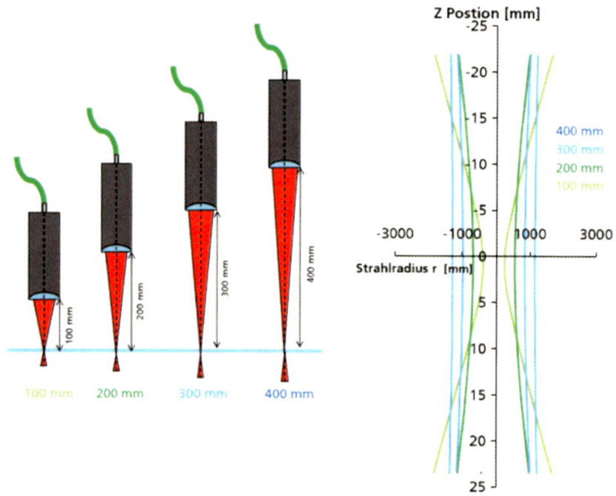

Um eine Vergleichsbasis für alle Konfigurationen zu erreichen, wird eine optische Leistung von 64 W an der Werkstückoberfläche für die gesamten Untersuchungen als konstanter Wert verwendet. Wie bereits in Kapitel 3 erläutert, ergeben sich aus den unterschiedlichen Konfigurationen unterschiedliche Strahlkaustiken. Diese sind mit Hilfe eines Raytracing-Programms visualisiert. Deutlich zu erkennen ist, dass mit zunehmender Brennweite zum einen der minimale Strahldurchmesser zunimmt und zum anderen der Divergenzwinkel abnimmt. Das rechte Diagramm zeigt auch, dass sich die relative Intensitätsverteilung im Fokusbereich mit der Brennweite ändert. Nimmt die Brennweite zu, nimmt wiederum die maximale relative Intensität ab und die Breite der Gaußkurve nimmt zu.

Mit dem eingeführten Versuchsaufbau werden nun Schweißversuche durchgeführt. Die Vorschubgeschwindigkeit wird mit einer konstanten optischen Leistung von 64 W variiert. Der Schweißvorgang wird mit dem Versuchsaufbau durchgeführt. Das gesamte Prozessfenster wird abgebildet, von der ersten leichten Haftung bis zur ersten Beschädigung der äußeren Folienschichten. Zur Auswertung werden die Proben von oben mit einem Lichtmikroskop betrachtet, und es werden Querschnitte durchgeführt, die mit einem Polarisationsmikroskop analysiert werden. Dies bietet die Möglichkeit, die Wärmeeinflusszone (WEZ) und auch die Schweißnahtbreite im Detail zu untersuchen.

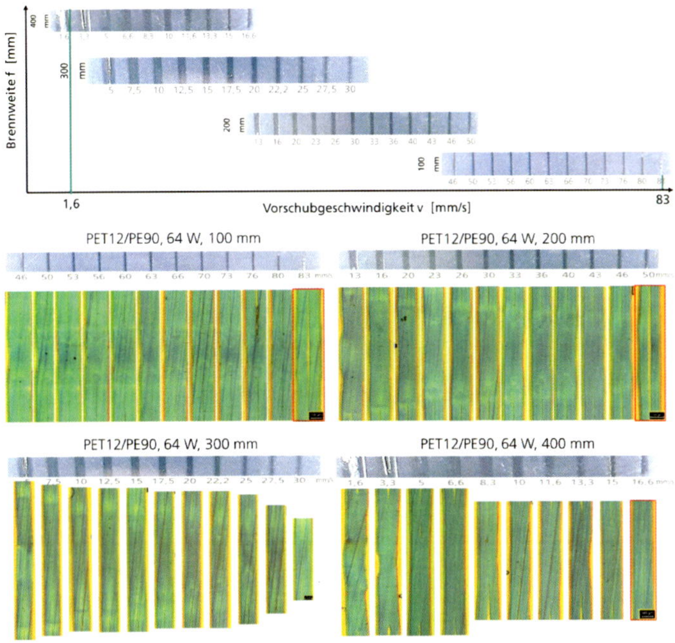

Bild 4-30: Aufsicht und Dünnschnitte zur Beurteilung des Einflusses der Brennweite [Aif19]; [Bro19]

In der Aufsicht (Bild 4-30) ist zu erkennen, dass die Nahtbreite mit zunehmender Brennweite und gleicher optischer Leistung zunimmt. Dies ist so lange der Fall, wie die eingestrahlte Intensität oberhalb der materialabhängigen Schwellintensität liegt (vgl. Bild 4-33). Weiterhin ist eine Zunahme der Nahtbreite zu beobachten, wenn die Vorschubgeschwindigkeit reduziert wird. Dies ist darauf zurückzuführen, dass die eingestrahlten optischen Laserleistung über eine größere Fläche wirkt. Dadurch verringert sich jedoch die Leistungsdichte, was wiederum zu einer längeren Wechselwirkungszeit führt, die benötigt wird, um die notwendige Schmelztemperatur im Polymer zu erreichen. Dies spiegelt sich auch in den Dünnschnitten der Proben wider. Auch hier ist der gesamte Prozessbereich, von leichter Anhaftung bis zur ersten Defektbildung, abgebildet.

Zur weiteren Analyse werden Zugversuche nach der Norm DIN EN 55529 T-Peel durchgeführt und die maximalen Reißkräfte ausgewertet. Für jeden Punkt werden 10 Proben ausgewertet (Bild 4-31).

Bild 4-31: Maximale Reißkräfte in Abhängigkeit der Vorschubgeschwindigkeit

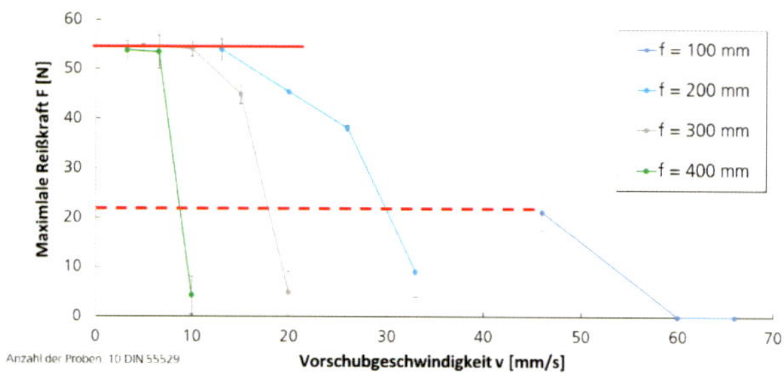

Die maximalen Reißkräfte, die mit Brennweiten von 200, 300 und 400 mm erreicht werden, liegen alle im Bereich von 50-60 N. Die Verbindung kann daher als fest eingestuft werden. Die maximalen Reißkräfte, die mit der einer Brennweite von 100 mm mit 22 N erreicht werden, sind deutlich geringer als bei den anderen Brennweiten. Mit zunehmender Vorschubgeschwindigkeit nimmt die maximale Reißkraft ab. Dies ist auf eine Abnahme der Schweißnahbreite zurückzuführen (vgl. Bild 4-30) Während der Verlauf der Abnahme der maximalen Reißkraft bei f=300 mm und 400 mm ähnlich ist, stellt sich dieser bei 200 mm deutlich ausgeprägter dar. Dies lässt sich durch die Gaußverteilung der Intensität im Fokusbereich erklären. Mit Verkürzung der Brennweite wird der Strahlradius, gemäß dem Strahlparameterprodukt, kleiner. Gemäß der Energieerhaltung nimmt der Maximalwert der Intensität zu. Die Flankensteilheit des Gauß nimmt zu. Somit ist die Fläche über der für eine Verschweißung notwendigen Schwellintensität größer. Die Änderung der Breite der erzeugten Schweißnaht ist damit über einen größeren Vorschubbereich geringer, dementsprechend nimmt die Reißkraft über einen weiteren Bereich ab. Werden typische Einflussfaktoren eines realen Prozesses, wie z.B. Vorschubgeschwindigkeitsschwankungen betrachtet, zeigt sich, dass insbesondere bei einer Brennweite von 300 mm oder 400 mm ein Plateau erreicht wird. In diesem Bereich kann die Vorschubgeschwindigkeit schwanken, ohne dass die Festigkeit der Verbindung beeinträchtigt wird. Auf der anderen Seite führt eine Änderung der Vorschubgeschwindigkeit bei der Nutzung der 200 mm Brennweite direkt zu einer Änderung der maximalen Festigkeit.

Mit dem Ziel, möglichst hohe Prozessgeschwindigkeit zu erreichen, wird deutlich, dass mit einer Brennweite von 400 mm hohe Maximalfestigkeiten und Sicherheit hinsichtlich der Vorschubgeschwindigkeitsschwankungen erreicht werden können, die Vorschubgeschwindigkeit aber mit 5 mm/s sehr gering ist. Zudem ist nur eine sehr breite Schweißnaht möglich, vgl. Bild 4-30. Daher wäre der Einsatz einer Laseroptik mit einer 200 mm Brennweite zu empfehlen, da mit 18 mm/s und einer kleineren Schweißnahtbreite die gleichen maximalen Festigkeiten erreicht werden können. Wird z.B. eine breite Schweißnaht oder ein bestimmter Mindestarbeitsabstand zur Folienoberfläche gewünscht, wie es häufig bei 3D-geformten Bauteilen erforderlich ist, kann eine Optik mit langer Brennweite eingesetzt werden. Sind dagegen schmale Fügenähte gewünscht, ist die Verwendung einer Konfiguration mit kurzer Brennweite der zu verfolgende technologische Ansatz. Die physikalischen Zusammenhänge führen auch dazu, dass schmale Nähte mit großen Arbeitsabständen technisch nur bedingt möglich sind. Im nachfolgenden Bild ist dies visualisiert:

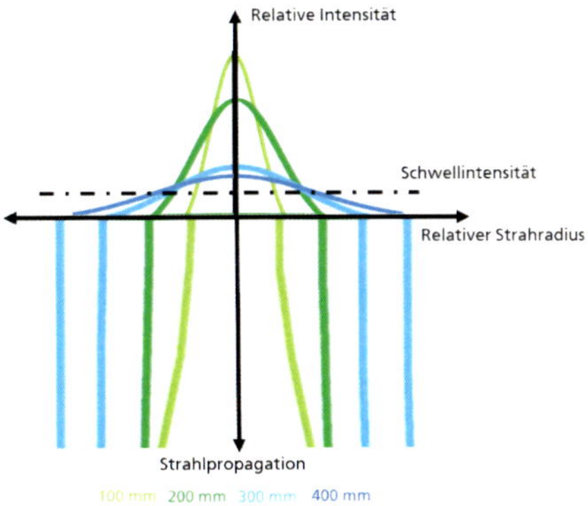

Bild 4-32: Grafische relative Darstellung der Intensitäten und Strahlpropagationen bezogen auf den Strahlradius

Die materialabhängige Schwellintensität ist exemplarisch gestrichelt eingezeichnet. Nur wenn diese überschritten wird, beginnt das Polymer aufzuschmelzen. Wo exakt diese Schwellintensität liegt und welche Energiedeposition notwendig ist, wird in Kapitel 5.2 tiefergehend untersucht und diskutiert. Die maximalen Reißkräfte für alle drei Brennweiten liegen auf ähnlich hohem Niveau, unterscheiden sich aber in der notwendigen Vorschubgeschwindigkeit. Dies lässt sich an der grafischen Darstellung erklären. Die Fläche unterhalb der Gauß`schen Verteilungskurve bleibt über alle Brennweiten konstant. Bei größerer Brennweite ergibt sich somit eine geringere maximale relative Intensität aber mit einem größeren relativen Strahlradius. Dadurch nimmt die maximale Intensität ab. Geschwindigkeitsänderungen wirken sich daher bei der Brennweite von 400 mm deutlich stärker aus. Die liegt daran, dass die Fläche, die dann oberhalb der Schwellintensität liegt, sich mit zunehmender Geschwindigkeit im Verhältnis zur z.B. der Brennweite mit 200 mm bei einer gleichen Veränderung deutlich stärker verkleinert. Zusammenfassend lässt sich sagen, dass je nach gewünschter Zielgröße Kompromisse bei anderen Parametern eingegangen werden müssen. Daher ist es notwendig, die Anforderungen zunächst zu gewichten und dann in Richtung des Parameters mit der höchsten Gewichtung zu optimieren.

Einen weiteren Parameter bezogen auf die Strahlformung stellt der Durchmesser der verwendeten Lichtleitfaser dar. Mittels der Laserfokussieroptik wird das Faserende entsprechend seinem Durchmesser in die Fügeebene abgebildet. Eine Änderung des Faserkerndurchmessers führt damit auch, gemäß dem Strahlparameterproduktes, zu einer Änderung der Strahlpropagation. Wie die Änderung der Brennweite kann dieser Parameter in gewissen Bereichen bedarfsgerecht angepasst werden kann. Der mögliche Variationsbereich hängt von der Bauform der Diodenlaserstrahlquelle, der Anordnung der Einzelemitter und insbesondere der Strahlqualität ab. Im Folgenden wird daher an Schweißnähten in einer Überlappanordnung von zwei Polycarbonatfolien (PC) untersucht, wie sich eine Änderung des Faserkerndurchmessers und zusätzlich der Brennweite auf die Anbindungsbreite auswirken. Die Polymerfolien werden dabei deutlich dicker gewählt, als dies z.B. für Rolle-zu-Rolle Prozesse üblich ist, um nicht nur den Anbindungsbereich, sondern auch die Propagation im Material abzubilden.

Bild 4-33: Einfluss der Brennweite und des Faserkerndurchmessers auf die Schweißnahtbreite

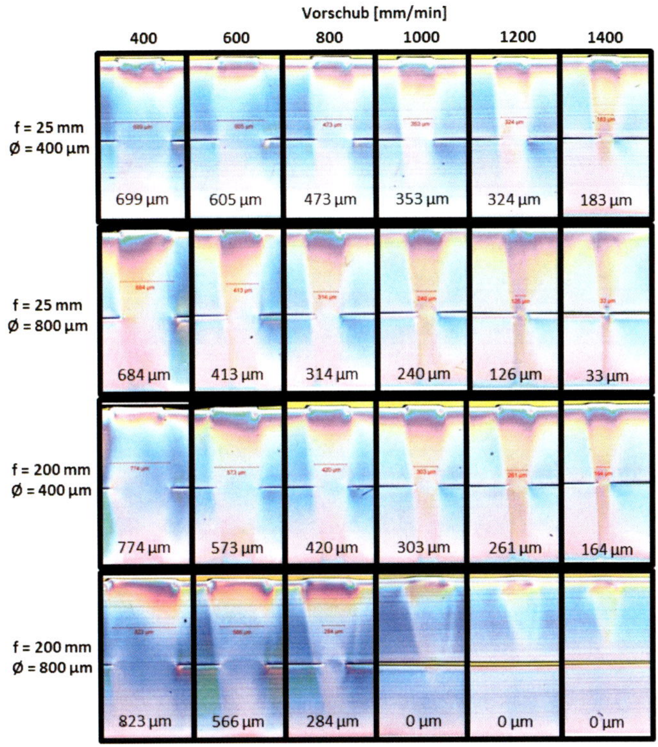

Für das Aufschmelzen des Polymers ist eine materialspezifische minimale Streckenenergie erforderlich. Wird diese Streckenenergie überschritten, schmilzt das Polymer auf. Bei allen betrachteten Kombinationen aus Brennweite und Faserkerndurchmesser ergibt sich die gleiche Intensität im Fokus. Bei den längerbrennweitigen Fokussierlinsen verteilt sich diese aber über eine größere Fläche. Somit muss die die maximale Intensität gemäß Energieerhaltungssatz absinken, wodurch sich ein flacherer Verlauf der gaußähnlichen Intensitätsverteilung ergibt. Wird nun wieder die Vorschubgeschwindigkeit mit einbezogen und damit die Streckenenergie als Vergleichsgröße herangezogen, zeigt sich, dass durch eine Geschwindigkeitsänderung die Fläche oberhalb der minimal erforderlichen Streckenenergie bei einer Laseroptik mit längerer Brennweite eine deutlich größere Änderung erfährt.

Bild 4-34: Einfluss einer Vorschubgeschwindigkeitsänderung auf den Schweißprozess

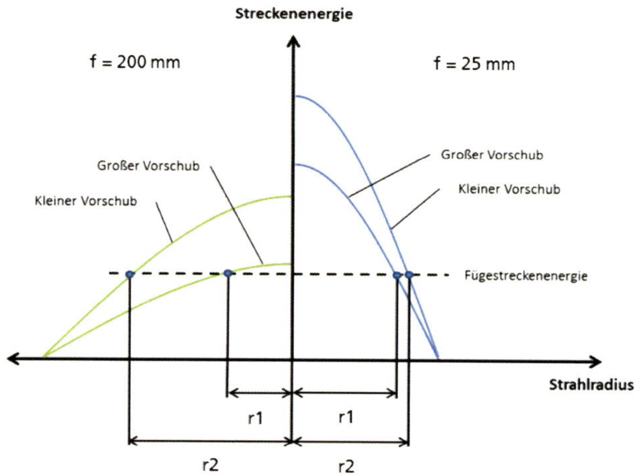

Ein Laserdurchstrahlschweißprozess mit einer langbrennweitigen Laseroptik ist demnach instabiler gegenüber einer Fluktuation in der Energieeinbringung und begrenzt bzgl. der maximal möglichen Vorschubgeschwindigkeit, bietet aber Vorteile durch einen höheren Arbeitsabstand sowie einer größeren Rayleighlänge und damit einem höheren Kompensationspotential für Z-Schwankungen (vgl. Lagensprünge Kapitel 4.3).

Für die vorhergehenden Untersuchungen werden Diodenlaserstrahlquellen (M^2>30) genutzt. Für Wellenlängen um die 1940 nm sind ebenfalls Faserlaserstrahlquellen verfügbar, die mit M^2=1,05, über eine deutlich höhere Strahlqualität besitzen. Um den direkten Einfluss der Strahlqualität auf die Schweißnahtbreite rudimentär zu visualisieren, werden mit einer Faserlaserstrahlquelle sowie einer Diodenlaserstrahlquelle jeweils mit einer Peak Emissionswellenlänge von 1940 nm bei gleicher optischer Laserleistung an der Werkstückoberfläche sowie gleichen Laserfokussieroptik und Rohstrahldurchmesser zwei BOPP-Polymerfolien mit je einer Dicke von 30 µm in Überlappanordnung verschweißt (20 mm/s, 25 W, f = 200 mm).

Bild 4-35: Vergleich der mit Diodenlaser und Faserlaser erzeugten Schweißnähte in der Aufsicht; grafische Analyse der Intensitätsverteilung, $PET_{12}PE_{90}$ im Überlapp

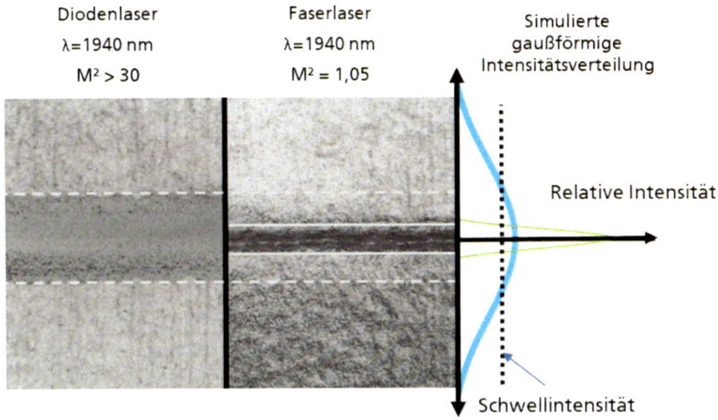

In der mikroskopischen Aufsicht wird im direkten Vergleich deutlich, dass die bei Nutzung einer Faserlaserstrahlquelle entstehende Schweißnaht deutlich schmaler und schärfer abgegrenzt ist. Dies lässt sich durch die Gaußverteilung der Intensität im Fokusbereich erklären. Gemäß dem Strahlparameterprodukt ist der Strahlradius direkt proportional der Beugungsmaßzahl. Wird diese kleiner, wie im Fall des Faserlasers, nimmt die Kantensteilheit der Gaußverteilung und die maximale Intensität im Fokusbereich zu. Wird jetzt die Schwellintensität des Polymers, die notwendig zum Aufschmelzen ist, einbezogen, zeigt sich im Schnittpunkt zwischen Intensitätsverlauf und Schwellintensität ein deutlich steileres Auftreffen. Dies führt zu einer klareren Abgrenzung des Schweißnahtbereiches bei Nutzung der Faserlaserstrahlquelle. Beim der Diodenlaserstrahlquelle hingegen sind besonders im Randbereich Übergangsbereiche sichtbar. Die notwendige Temperatur wird nicht über die vollständige Bestrahlungsfläche erreicht, sondern nimmt von den Rändern her stetig zu. Somit sind gerade am Schweißnahtaußenbereich auch Zonen mit nur leichter Anhaftung vorhanden (vgl. Kantensteilheit Gaußverteilung). Diese Randbereiche lösen sich in der Praxis durch eine leichte Peelbelastung bis in den Bereich, wo eine ausreichende Festigkeit erreicht wird.

Werden alle vorhergehenden Untersuchungen betrachtet, wird deutlich, dass eine bedarfsgerechte Auswahl der Strahlquelle und der Strahlformungskomponenten abhängig von den spezifischen Prozessanforderungen ist. Gerade wenn eine Integration von einem Laserschweißprozess in ein vorhandenes Fertigungssystem angestrebt wird, sollte die gesamte

Bandbreite der Konfigurationsmöglichkeiten geprüft und angewendet werden.

4.4 Räumlich begrenzte Energiedeposition[6]

Wie in den Kapiteln zuvor dargestellt, liegt ein Vorteil der Energieeinbringung mittels Laserstrahlung in der lokal begrenzten Energiewandlung innerhalb des Foliensystems in und um die gewünschte Fügeebene. Für einige folientypische Anwendungen sind insbesondere die räumliche begrenzte Schweißnahtausbildung bzw. die Ausdehnung der wärmebeeinflussten Zone in vertikaler Richtung von großer Bedeutung. Dies ist beispielsweise der Fall, wenn temperatur- oder spannungsempfindliche Funktionsschichten enthalten sind, wie es bei kostenintensiven Ultrahochbarrierefolien für Verkapselungsanwendungen der Fall ist (Bild 4-36 .vgl. Kapitel 2.1). Die oben auf das flexible Substrat aufgebrachten, wenige nm bis µm dicken Funktionsschichten (z.B. anorganische Schichten oder Hybridpolymere) reagieren sehr empfindlich auf Temperatureinflüsse infolge von Absorption, aber auch auf lokale Zug- und Druckspannungen.

Bild 4-36: Aufbau einer Ultrahochbarrierefolie

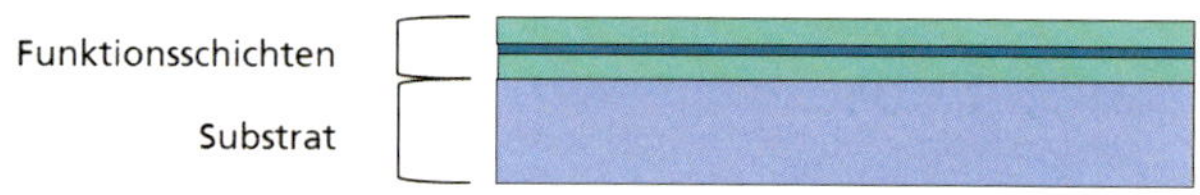

Eine Beschädigung der Funktionsschicht führt zum Versagen der Barrierewirkung der Ultrahochbarrierefolien. Wasser, Wasserdampf oder Sauerstoff können eindringen und das verkapselte, hochsensitive Objekt beschädigen. Ziel muss es daher sein, die Funktionsschichten durch den Laserschweißprozess nicht zu schädigen, aber dennoch eine ausreichende Verkapselungswirkung zu erzielen. Etabliert haben sich sogenannte Maultaschenverkapselungen (vgl. Bild 4-37). Dabei wird das zu verkapselnde Objekt beidseitig mit Ultrahochbarrierefolien umschlossen. Das Eindringen von Wasser, Wasserdampf oder Sauerstoff ist in dieser technischen Umsetzung über 2 Wege möglich: Durch Pin Hole Defekte in der Funktionsschicht (A) oder durch den Schweißnahtbereich (B). Um ein Eindringen durch die Funktionsschichten zu vermeiden, werden diese mehrschichtig ausgeführt, sodass statistisch mögliche produktionsbedingte Pin Hole Defekte nicht übereinanderliegen. Bei dem betrachteten Eindringfall B muss Wasser, Wasserdampf oder Sauerstoff durch das Substrat diffundieren. Dabei ist die Länge des Diffusionswegs entscheidend. Die Schweißnah-

[6] Dieses Kapitel enthält Ergebnisse aus der Abschlussarbeit: A10

breite muss daher so gewählt werden, dass eine ausreichende Diffusionslänge erreicht wird, also sich eine den Anforderungen entsprechende Permeabilität ergibt, denn die Schweißnaht stellt den kürzesten Weg dar (2*a). Dabei muss die Ausbildung der Schweißnaht idealerweise nur auf den inneren Bereich um die Fügezone begrenzt sein, um eine Beschädigung der Funktionsschichten zu vermeiden.

Bild 4-37: Prinzip der Maultaschenverkapselung mit potenziellen Eindringwegen von Wasser, Wasserdampf oder Sauerstoff zum einen im Schweißnahtbereich (B) oder über Pin Hole Defekt in der Funktionsschicht (A)

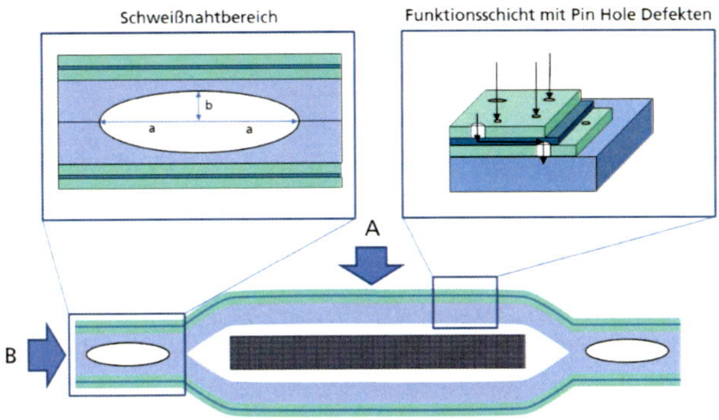

Wird ein mehrschichtige Folie der Dicke d betrachtet, so lässt sich der Bereich der aufgeschmolzenen Querschnittsfläche wie folgt definieren und über den Umfang einer Ellipse wie folgt annähern [Ram62]:

4.1

$$u \approx (a+b) * \pi * \left(1 + \frac{3\lambda^2}{10 + \sqrt{4 - 3\lambda^2}}\right), mit\ \lambda = \frac{a-b}{a+b}$$

Der halbe Umfang (u/2) entspricht der Länge des betrachtenden Funktionsschichtbereichs nach der Dehnung 2u. Die relative, kontraktionsbedingte Dehnung der Funktionsschichten ε [%] wird anhand des folgenden Quotienten ausgedrückt:

4.2

$$\varepsilon = \left(\frac{\Delta l}{l_0}\right) * 100\%\ mit\ \Delta l = (\tfrac{u}{2} - 2a)$$

Anhand von Formel 4.2 kann so die relative Dehnung der Funktionsschichten für eine Naht berechnet werden. Durch das Aufschmelzen des Polymers expandiert das Material zunächst und kontrahiert anschließend wieder. Durch diesen Vorgang werden Druck- und Zugkräfte initiiert. Diese können wie folgt dargestellt werden:

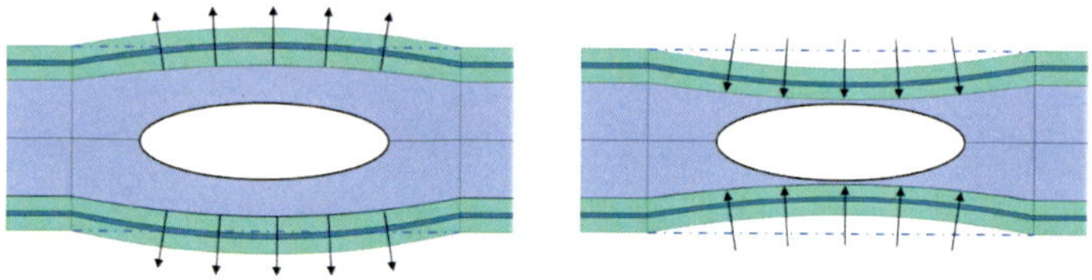

Bild 4-38: Initiierte Druck und Zugkräfte in einem Foliensystem bei ohne flächig aufgebrachte Fügekraft

Mit der gestrichelten Linie ist der Ausgangszustand sowohl für die Expansion als Kontraktion dargestellt. Durch die Volumenänderungsvorgänge wirkt ein thermischer Stress auf Barriereschichten, der zu einer Beschädigung in Form von Rissen führen kann. Dies wird anhand der obersten Schicht deutlich, die im Vergleich zu Ausgangslage sich deutlich vergrößert. Nur durch eine exakt kontrollierbare Energiedeposition und damit ein räumlich begrenztes Aufschmelzen kann dieser thermisch induzierte Stress auf die Funktionsschichten vermieden werden und die Barrierewirkung erhalten bleiben.

Adressierung der einzelnen Schichten durch die Wahl der Wellenlänge

Neben einer kontrollierten Energiedeposition durch Anpassung der Strahlformung und Wechselwirkungszeiten kann auch eine selektive Auswahl einer gewünschten Schicht anhand des materialspezifischen Absorptionspeaks erfolgen, um nur dort lokal begrenzt eine Bearbeitung durchzuführen. Dies ist mit den bisher verfügbaren Strahlquellen nur eingeschränkt möglich, da hierfür eine exakte Anpassung der Emissionswellenlänge bei einer schmalen spektralen Breite erforderlich ist. Daher wird im Folgenden eine speziell für das Laserschweißen von PET basierten Ultrahochbarrierefolien entwickelte Laserstrahlquelle der Firma LIMO GmbH verwendet. Diese verfügt über eine auf den intrinsischen Absorptionspeak von PET bei 1667 nm abgestimmte Peak Emissionswellenlänge (Bild 4-39).

Bild 4-39: Emissionswellenlänge und Absorption in Folienschicht [A10]

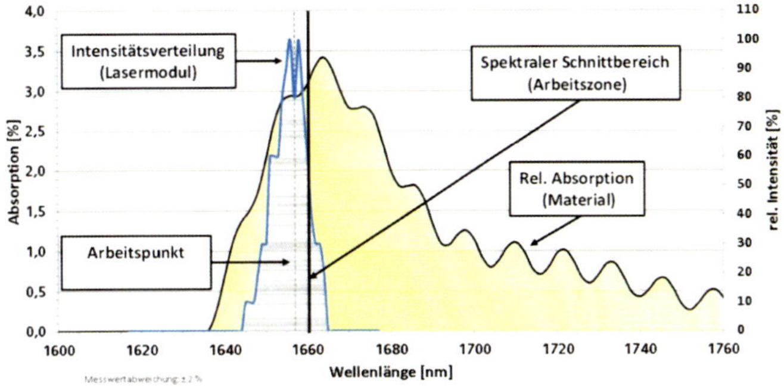

Spektrale Untersuchungen der üblichen Barriere- und Zwischenschichten zeigen, ähnlich wie bei dem in Kapitel 4.2.2 behandelten Haftvermittlern, im spektralen Bereich des PET-Peaks keine Absorption. Somit kann mit der gewählten Laserwellenlänge exakt nur die PET-Schicht adressiert werden.

Um die zuvor genannten Bedingungen genauer zu untersuchen, werden Schweißversuche an einer Ultrahochbarrierefolie der Fraunhofer POLO ® Allianz durchgeführt. Das Substrat PET hat eine Dicke von 75 µm. Um eine bessere Barrierefunktion zu erreichen, wird das Substrat mit zwei anorganischen Barriereschichten und zwei Hybridpolymerschichten aus ORMOCER® beschichtet (Bild 4-40).

Bild 4-40: Schichtaufbau von Fraunhofer Polo Allianz Ultrahochbarrierefolie [Pol12; Isc10; Vas06]

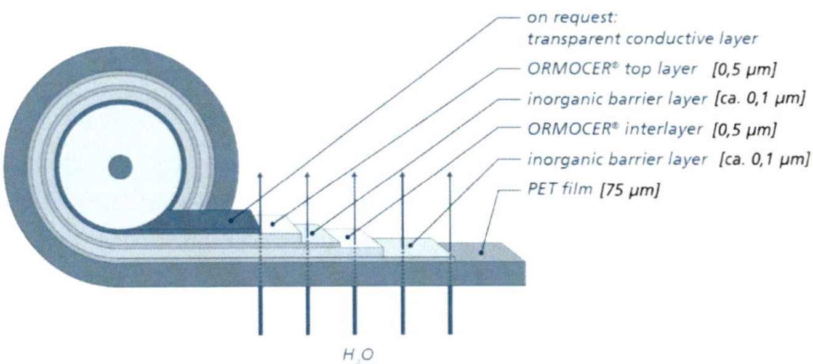

Eingesetzt wird eine Diodenlaserstrahlquelle mit einer Peak Wellenlänge von 1660 nm. Die maximale optische Leistung beträgt 75 W an der Werkstückoberfläche. Zum Einsatz kommt eine Strahlformungsoptik, die die Laserstrahlung auf einen Spotdurchmesser von 280 µm fokussiert. Das Diodenlasermodul und die Laseroptik sind über eine 400 µm Lichtleitfaser miteinander verbunden. Die POLO-Folien werden in überlappender Anordnung PET zu PET positioniert und mit einer pneumatischen Spannvorrichtung mit Glas gespannt. Die Laseroptik wird über ein 3-Achsensystem auf der gewünschten Schweißkontur durch die Probe bewegt.

Zur Bestimmung des Einflusses der Vorschubgeschwindigkeit auf die Schweißnahtbreite wird bei einer konstanten optischen Leistung von 28,5 W geschweißt. Die Vorschubgeschwindigkeit wird in einem Bereich von 7000 bis 1400 mm/min variiert. Diese beiden Werte sind die Prozessgrenzen. Bei 7000 mm/min ist ein erstes Aufschmelzen erkennbar. Bei 1400 mm/min beginnt die Zersetzung des PET. Bei einer Vorschubgeschwindigkeit von 2100 mm/min wird die größte Schweißnahtbreite erreicht. Eine Beschädigung der Barriereschicht kann nicht identifiziert werden.

Bild 4-41: Dünnschnitte an geschweißter Barrierefolie bei unterschiedlichen Vorschubgeschwindigkeiten [A10]

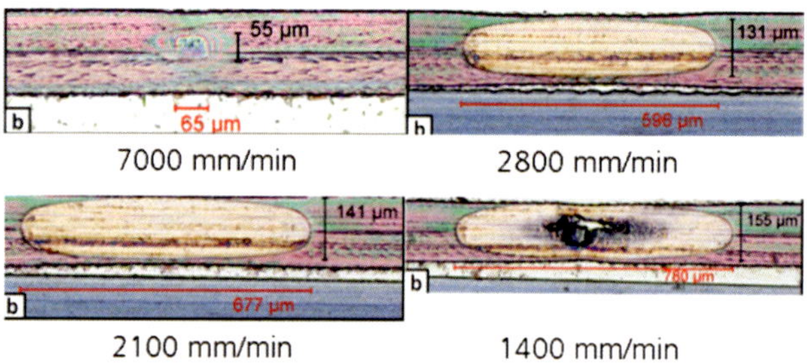

Die Dünnschnitte zeigen deutlich die Ausbildung einer elliptischen Schweißnaht. Bei 2100 und 2800 mm/min ist zudem gut visuell zu erkennen, dass zwischen der in schwarz an der jeweiligen Oberseite der POLO-Folie befindlichen Barriereschicht und der WEZ ein nicht beeinflusster Rand verbleibt. Mit abnehmender Vorschubgeschwindigkeit nimmt die Ellipse in der Breite allmählich zu bis der Energieeintrag die Zersetzungsschwelle des PET erreicht. Bei Festigkeitsuntersuchungen nach DIN 55529 erreichen die Proben eine mittlere Zugfestigkeit von 62 N / 15 mm, die Schweißnähte sind somit als fest zu bewerten. Eine Erhöhung der Vorschubgeschwindigkeit führt erwartungsgemäß zu einer Abnahme der Festigkeit und deckt sich mit dem im Dünnschnitt ersichtlichen geringeren Anbindungsquerschnitt bei höheren Vorschubgeschwindigkeiten. Beschädigungen der Barriereschichten können im Dünnschnitt nicht erkannt werden. Die POLO-Folien zeigen einen leichten Einfall im Bereich der Schweißnaht. Deshalb wird im Folgenden näher betrachtet, wie groß die resultierenden Ausdehnungen durch die Folienoberfläche sind. Das aus dem Schrumpfvolumendefizit der Folienoberfläche resultierende Produkt wird als Halbellipse idealisiert. Hierfür wird erneut die eingeführte Formel 4.2 verwendet.

Bild 4-42: Kontraktion während des Schweißprozesses

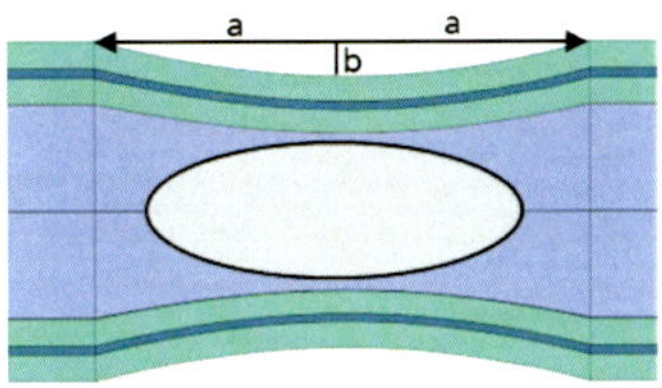

Der halbe Umfang (u / 2) entspricht der Länge des Schichtanteils der Barriereschicht nach der Ausdehnung. Die relative, kontraktionsbedingte Ausdehnung der Funktionsschichten ist ε. Die relative maximale Längenänderung berechnet sich basierend auf den gemessenen Werten im Dünnschnitt zu 1,4 % (bei v = 6300) und 1,9 % (bei v = 5600 mm / min). Die Ergebnisse zeigen, dass die Funktionsschichten während des Kontraktionsprozesses nur geringe Ausdehnungen erfahren.

Da genaue Informationen über den Zustand der Funktionsschicht auf der Basis von Dünnschnitten nicht gewonnen werden können, weil sie nur den lokalen Zustand für einen Bereich von 10-15 µm, also der Dicke des Dünnschnittes, wiedergeben, eine großflächige Analyse aber zwingend notwendig ist, haben sich REM-Untersuchungen der Nahtoberfläche bewährt. Aufgrund der fehlenden elektrischen Leitfähigkeit der Probe werden diese durch Sputtern mit einer dünnen Goldschicht beschichtet und anschließend flächig in der Aufsicht untersucht. Auf diese Weise kann die oberste Funktionsschicht analysiert werden. Je nach gewählten Laserschweißparametern zeigen sich unterschiedliche Defekte. Diese reichen von einzelnen Löchern im Bereich der Schweißnaht bis hin zu deutlich erkennbaren Rissen. Bei geeigneter Parameterwahl kann keine Beeinträchtigung des Barrierelayers festgestellt werden. Bei den REM-Untersuchungen kann jedoch nur die Oberfläche und dort im speziellen nur die oberste Funktionsschicht analysiert werden und nicht die tieferliegenden Funktionsschichten. Essenziell ist aber, ob das gesamte Barrieresystem noch unbeschädigt ist, denn nur so kann eine erfolgreiche Verkapselung nachgewiesen werden. Idealerweise sollten dabei beide Diffusionswege, über Pin-Holes oder Defekte in der Funktionsschicht (vgl. Bild 4-37; Fall A) oder durch die Schweißnaht (Fall B) berücksichtigt werden. Hierfür eignet sich technisch ein Calciumspiegeltest. Dabei wird auf ein Glassubstrat Calcium aufgedampft, dieses Glassubstrat wird dann in einer Maultaschenverkapselung allseitig eingeschweißt und der Atmosphäre ausgesetzt. Durch mikroskopische Betrachtung des Calciumspiegels über die Zeit lässt sich so die Barrierewirkung des Gesamtsystems messen und beurteilen. Je nach Verteilung des Degradationsgradienten auf dem Calciumspiegel, lassen sich zudem Informationen gewinnen, wo eine mögliche Defektstelle liegt. Der Calciumspiegeltest sollte mit den in dieser Arbeit experimentell ermittelten Parameter, bei der die eingesetzten Messverfahren durch Mikroskopie und REM-Untersuchungen keine Beschädigung der Funktionsschicht feststellen konnten, in zukünftigen weiteren Untersuchungen zwingend durchgeführt werden.

5 Analyse des Wechselwirkungsvorganges und der Energiedeposition anhand eines thermischen Simulationsmodelles[7]

5.1 Aufstellen eines thermischen Simulationsmodelles

Die durch die Wechselwirkung zwischen Laserstrahlung und Polymerfolienverbund eingebrachte Wärme lässt sich bei dem Prozess des Laserdurchstrahlschweißens während des Prozesses, aufgrund der von Folien umgebenen Fügezone, messtechnisch nicht oder nur sehr eingeschränkt erfassen. Eine Auswertung des aufgeschmolzenen Bereiches innerhalb eines Polymers ist nur nach dem Prozess durch zerstörende Verfahren wie Dünnschnitte möglich (vorhergehendes Kapitel). Diese zeigen dann den stationären Zustand nach Prozessende und völligem Abkühlen. Der Einfluss einer Prozessparameteränderung lässt sich so nur an dem finalen Prozessergebnis beurteilen. Die Abläufe, die zu dem finalen Ergebnis führen, bleiben dabei aber verborgen. Die Kenntnis der Vorgänge und Abläufe ist aber zwingend erforderlich, um im Rahmen einer präzisen Prozessentwicklung geeignete Strategien zur Parameteranpassung zu definieren, besonders in Hinblick auf eine räumlich begrenzte Energiedeposition. Daher sollen nun basierend auf den Betrachtungen in Kapitel 3.2 der Strahlpropagationsvorgang sowie die anschließenden Wärmeleitungsvorgänge für einen mehrschichtigen Polymerfolienverbund mit Hilfe eines thermischen Simulationsmodelles im Detail betrachtet werden.

Der simulationsbasierende Ansatz zur Erweiterung des Prozessverständnisses eines Laserschweißprozesse von Kunststoffen wurde von verschiedenen Autoren mit unterschiedlichen Vorgehensweisen herangezogen. Diese Ansätze beschränken sich auf die Betrachtung von einlagigem Polymer im Stumpfstoß bzw. in einer Überlapp Anordnung [Kle01; Sch02; Rus09; Pol09; Adn16]. Die Umsetzung der Simulation erfolgt numerisch in Form von FEM-Modellen auf Basis des Energieerhaltungssatzes oder auf analytischen Modellen. Aktuelle Arbeiten von Nguyen et al. untersuchen dabei auch artgleiche Verbindung zwischen zwei optisch transparenten dickwandigen Polymeren (Polypropylen), die im Quasi-Simultanverfahren mit angepasster Faserlaserstrahlquelle verschweißt werden [Ngy18]. Im

[7] Dieses Kapitel enthält Ergebnisse aus der Abschlussarbeit: A7

Bereich der konventionellen Siegelverfahren zeigten Bach et al. einen Simulationsansatz zur Optimierung des Werkzeugdesign bei Siegelbacken basierend auf einem FE-Modell [Bac15]. Im Bereich der Auslegung von optischen Systemen stellte Gatej ein FEM basiertes Modell auf, das die thermisch induzierten optischen Effekte bei optischen Systemen berücksichtigt sowie den Wärmewiderstand, der sich durch Absorption ergibt [Gat14]. In Fortführung der getätigten Arbeiten wird ein FEM-Modell auf Basis der Wärmeleitungsgleichung von Fourier erstellt, das dabei den mehrschichtigen aus verschiedenen Polymeren bestehenden Aufbau einer Polymerfolie berücksichtigt. Untersucht wird ein Laserdurchstrahlschweißprozess mit angepasster Laserstrahlquelle, da dieser aufgrund der Randbedingungen das Polymer lokal aufzuschmelzen, aber keine Schädigung oder Zersetzung zu erzeugen, eine deutlich präzisere Prozessführung verlangt. Gerade Fragestellungen der Maximaltemperatur, Aufheizraten und Wechselwirkungszeiten während des Schweißprozesses sind hierbei untersuchenswert.

Um das durch Laserstrahlung eingebrachte Temperaturfeld numerisch zu bestimmen, wird ein Finite Elemente Model (FEM) aufgestellt. Als Grundlage wird hierfür die thermische Energiegleichung nach Fourier und Kirchhoff verwendet.

5.1

$$\rho(T) \cdot c_p(T) \cdot \left(\frac{\partial T}{\partial t} + \vec{v} \cdot \nabla T\right) = \nabla \cdot (k \cdot \nabla T) + \Phi$$

Die eingesetzte Energiegleichung berücksichtigt dabei zum Zwecke der Vereinfachung keine Phasenübergänge des Materials, da diese eine diskontinuierliche Veränderung darstellen. In der Gleichung stellt Φ die Volumenwärmequelle dar, die durch die Absorption der eingestrahlten Laserstrahlung im Volumen der Polymerfolien entsteht. Sie ist dabei wie folgt definiert:

5.2

$$\Phi = A \cdot I$$

A= Absorptionsgrad; I= Intensität

Des Weiteren werden die temperaturabhängigen Werkstoffkennwerte der Fügepartner, die Dichte ρ(T) und die Wärmekapazität c_p(T), einbezogen. Die Gleichung setzt sich aus einem diffusiven, einem konvektiven Term und der inneren Wärmequelle zusammen. Der diffusive Term $\nabla \cdot (k \cdot \nabla T)$ ist mit der Wärmeleitfähigkeit k verknüpft. Der konvektive Term $\vec{v} \cdot \nabla T$ beschreibt den Zusammenhang der relativen Geschwindigkeit $\vec{v}$

zwischen dem Material und dem Laserstrahl. Wichtige Größen, die im Sinne der Energiegleichung einen Werkstoff hinsichtlich einer Temperaturfeldbetrachtung hinreichend beschreiben, sind die Dichte ρ, spezifische Wärmekapazität c_p und Wärmeleitfähigkeit k. Bei dem betrachteten Laserdurchstrahlschweißprozess ist insbesondere die Wärmeleitung durch Konduktion dominierend [Adn10]. Wärmeverlust über Konvektion zwischen Glas und Umgebungsluft tritt nur an der Oberfläche des Andruckglases auf und wird daher bei der Betrachtung des Laserdurchstrahlprozesses vernachlässigt.

Um eine anschließende Verifikation der Simulationsergebnisse an einem realen Schweißprozess durchführen zu können, wird ein realer Versuchsaufbau mit Berücksichtigung von Materialdicken, Komponenten und Abmessung in einem CAD-Modell abgebildet. Die zu verschweißende Polymerfolie, bestehend aus einem PET mit 12 µm und einem PE mit 90 µm ($PET_{12}PE_{90}$) Dicke, wird im Überlapp angeordnet (Bild 5-1). Der Fügedruck wird oberseitig durch ein für die Bearbeitungslaserstrahlung transparentes, zweikomponentiges Andruckglas aufgebracht. Als Unterlage wird ein Saphirglas verwendet, das für die spätere Verifikation der Simulationsergebnisse aufgrund seiner optischen Eigenschaften die Möglichkeit gibt, Wärmestrahlung mittels Thermografie zu erfassen. Die Laserstrahlung propagiert von oben senkrecht in die Versuchsanordnung.

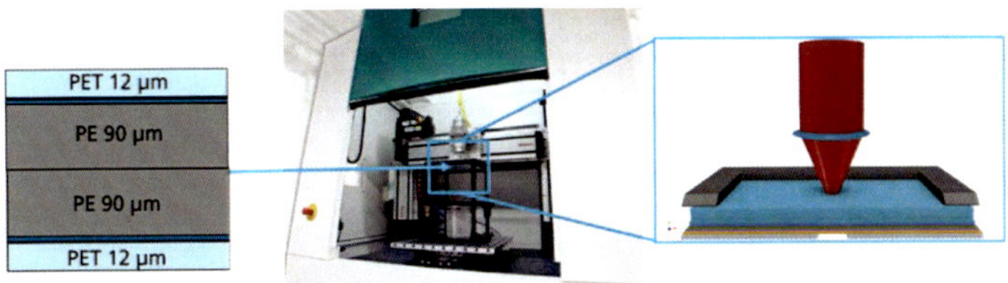

Bild 5-1: Digitale Nachbildung des realen Versuchsaufbaus

Eine Herausforderung stellt die Aufstellung des FEM-Netzes besonders bei der Kombination von Materialien mit stark unterschiedlichen Dicken dar. Die Dicke im betrachteten Material unterscheidet sich um Größenordnungen (12 µm PET-Schicht zu 8500 µm Glasplatte). Das Netz muss also so angelegt werden, dass auch bei dünneren Folienschichten eine ausreichende Anzahl von Elementen zu Verfügung steht, um bei der anschließenden Simulation der Temperaturfeldverteilung eine ausreichende Auflösung zu erreichen, und so belastbare Aussagen auch für dünne Folienschichten zu erhalten. Bild 5-2 zeigt ein passendes Netz für den betrachteten Versuchsaufbau.

Bild 5-2: Aufgestelltes Netz für die unterschiedlichen Dickenbereiche

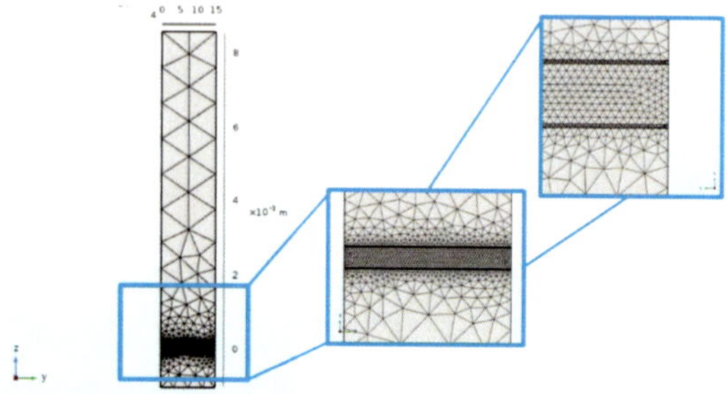

Deutlich ist das Größen- und Dichteverhältnis für das Andruckglas von 8 mm im Vergleich zur 10 µm dicken PET-Folienschicht zu erkennen. Den jeweiligen Werkstoffen wird Dichte ρ, spezifische Wärmekapazität c_p und Wärmeleitfähigkeit k zugeordnet. Hierbei wird für die Gläser auf Literaturwerte zurückgegriffen ($\rho = 2{,}48$; $c_p = 0{,}70$; $k = 0{,}87$) und für die Polymerfolie auf Werte des Herstellers [Bac15]. Zur Durchführung der Simulation muss noch die erforderliche Volumenwärmequelle aufgestellt werden, die dann mit einer Vorschubgeschwindigkeit durch die Anordnung bewegt wird.

Aden et al. zeigen die Nutzung des Vier-Fluss-Modells in Verbindung mit realen Messungen an einem UV-VIS-NIR Spektrometer, um die für eine Simulation nötigen optischen Größen eines Polymers indirekt zu ermitteln [Adn10]. Eingeführt werden dazu der Streuungskoeffizient C_s, der Absorptionskoeffizient C_{ab} sowie der Anisotropiefaktor g. Zur Bestimmung dieser Koeffizienten wird an einem Polymer die gerichtete Transmission T_g, die nur die nach Probendurchgang weiterhin senkrecht propagierenden Strahlen berücksichtigt, die absolute Transmission T_a, die alle transmittierten Strahlen in einem Raumwinkel von 180° einschließen sowie die Reflexion, bestehend aus Grenzflächenreflexion und diffuser Reflexion. Die Messung erfolgt mit dem in Kapitel 3.1 gezeigten Messaufbau. In Bild 5-3 sind die gemessenen Größen und die hieraus mittels Vier-Fluss-Modells genäherten Koeffizienten und Faktoren aufgeführt.

Material	Dicke [mm]	T [%]	T_g [%]	R [%]	C_s [1/mm]	C_{ab} [1/mm]	g
PET	12	68.89	65,21	7,2	0,39	0,24	0,2
PE	90	68.89	65,21	7,2	0,39	0,24	0,2

Bild 5-3: Gemessene Größen sowie mittels Vier-Fluss-Modells berechnete Koeffizienten für die Simulation

Für eine tiefergehende Betrachtung des Vier-Fluss-Modells und die Bedeutung sowie Berechnung der Koeffizienten und Faktoren sei auf die Arbeiten von Ishimaru et al. und Aden et al. verwiesen [Ish90] [Adn10]. Die so ermittelten Größen werden innerhalb des Raytracing Programms zur Spezifikation der optischen Eigenschaften des jeweiligen Materials eingesetzt. Ergänzt werden die aus der Literatur bekannten bzw. von Herstellern bereitgestellten Informationen zur Abhängigkeit des Brechungsindexes von der Wellenlänge. Ebenso werden die optischen Bauelemente der Laseroptik sowie die Bearbeitungslaserspezifikationen eingepflegt.

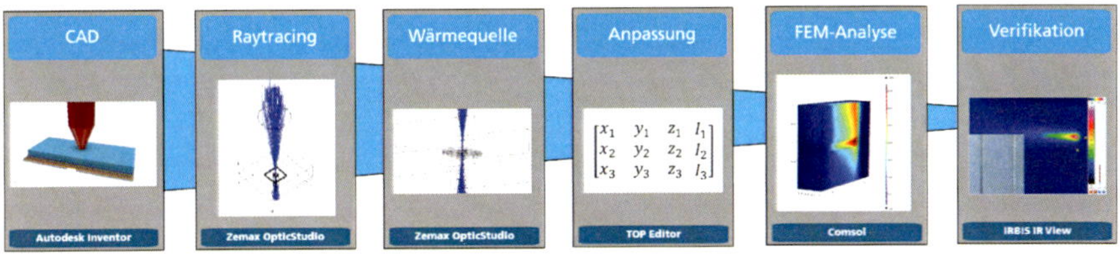

Bild 5-4: Vorgehen zur Erstellung der thermischen Simulation und Verifikation

Ziel ist es, die Strahlpropagation so realitätsnah wie möglich abzubilden und aus der sich bei der Strahlpropagation bildenden Leistungsdichteverteilung eine Wärmequelle für die anschließende FEM-Analyse zu generieren. Ein in die FEM-Analyse eingefügter virtueller Volumendetektor erfasst die Leistungsdichteverteilung in Abhängigkeit von der X-Y-Z Koordinate.

5.1.1 Verifikation des Simulationsmodells

Eine Verifizierung der Simulationsergebnisse kann an realen Proben zu zwei verschiedenen Zeitpunkten durchgeführt werden:

1. Während des laufenden Prozesses

2. Nach Abschluss des Prozesses

Bei der Untersuchung der Proben nach Abschluss des Schweißvorgangs an Dünnschnitten ist nur der Einfluss eines Temperaturfeldes in Form eines erstarrten Schmelzbereichs erkennbar. Die Temperaturen und Aufheizzeiten während des Prozesses können nur aufgrund der Ausdehnung des Schmelzvolumens abgeschätzt werden. Daher ist es möglich, eine Korrelation zwischen Schweißnahtbreite und Simulation z.B. mit Hilfe von Isothermen durchzuführen. Eine Untersuchung während des laufenden Prozesses bietet dagegen die Möglichkeit eines direkten Vergleiches bei den auftretenden Temperaturen. Die Ergebnisse einer solchen Messung müssen jedoch vor der Verwendung als Verifikationsdatensatz sorgfältig überprüft werden. Im Gegensatz zur Simulation, bei der Temperaturverteilungen direkt als Ergebnis entnommen werden können, ist es bei realen Prozessen notwendig, diese Daten extern durch Messung der Strahlungsemissionen zu erhalten. Dies ist aufgrund der Zugänglichkeit der tatsächlichen Wechselwirkungszone im Inneren des Materials nur bedingt möglich. Thermografiekameras eignen sich als zielgerichtete Messinstrumente zur berührungslosen Erfassung von Temperaturen in realen Laserprozessen. Das Messprinzip nutzt dabei das Stefan-Boltzmann-Gesetz (Formel 5.3), nachdem alle Körper, die eine Temperatur oberhalb des absoluten Nullpunktes von 0 Kelvin besitzen, elektromagnetische Strahlung, Wärmestrahlung, emittieren. Der materialspezifische Emissionsgrad ε wird dabei der Literatur entnommen.

5.3

$$P_{Wärme} = \varepsilon \cdot \sigma \cdot A \cdot T^4$$

$P_{Wärme}$= Gesamtstrahlleistung des Körpers; A= Fläche; σ= Stefan Boltzmann Konstante; ε= Materialspezifischer Emissionsgrad; T= Absolute Temperatur

Das Planck'sche Strahlungsgesetz gibt die Möglichkeit, den temperaturabhängigen Verlauf der relativen spektralen Ausstrahlung in Abhängigkeit zur Wellenlänge zu formulieren.

5.4

$$P(\lambda, T) = \frac{2 \cdot \pi \cdot h \cdot c^2}{\lambda^5 \cdot \left(e^{\frac{h \cdot c}{\lambda \cdot k \cdot T}} - 1\right)}$$

h= Plank'sches Wirkungsquantum; λ= Wellenlänge; k= Boltzmann Konstante

Mit dem Wien'schen Verschiebungsgesetz lässt sich das Maximum der spektralen spezifischen Ausstrahlung innerhalb des emittierten Strahlbereiches berechnen.

5.5

$$\lambda_{max} = \frac{2897{,}8\ \mu m\ K}{T}$$

λ_{max}= Wellenlänge der maximalen Ausstrahlung; T= Temperatur des Körpers

Je größer die Temperatur eines Objektes wird, desto weiter verschiebt sich das Intensitätsmaximum vom langwelligen Infrarotbereich in den sichtbaren Wellenlängenbereich. Temperaturen ab etwa 550 °C sind visuell wahrnehmbar. Die aufgezeigten Zusammenhänge gehen von einem idealen schwarzen Körper aus. Ein schwarzer Körper absorbiert alle auftreffende Strahlung unabhängig der Wellenlänge zu 100 %. Reale Körper wie Polymere hingegen absorbieren, reflektieren und transmittieren die einfallende Strahlung abhängig von ihrer Wellenlänge. Für reale Objekte muss daher ein Emissionsgrad ε bestimmt werden (vgl. Formel). Dieser gibt das Verhältnis zwischen abgestrahlter Leistung eines realen Objektes und abgestrahlter Leistung eines idealen schwarzen Körpers bei gleicher Temperatur an. Der Emissionsgrad der zu untersuchenden Polymerfolie wird experimentell ermittelt. Mit dem nachfolgenden Versuchsaufbau werden vergleichende Untersuchungen an realen Proben während des Schweißprozesses durchgeführt:

Bild 5-5: Experimenteller Aufbau zur Messung der IR-Emission auf einer Achse während des Laserschweißprozesses

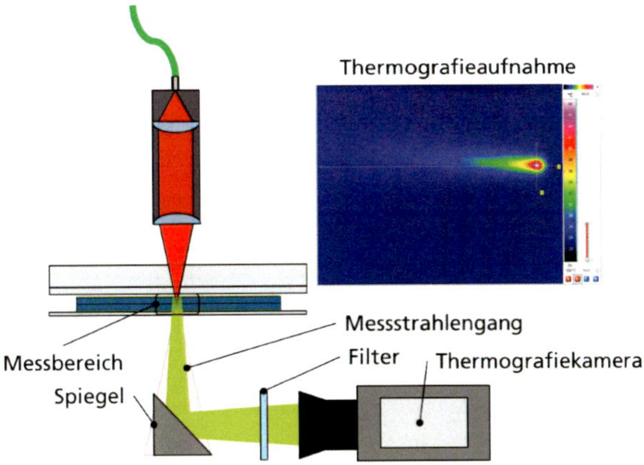

Wie zuvor in der Simulationsannahme werden die Polymerfolien in einer Überlappungsanordnung positioniert, fixiert und von beiden Seiten einer Druckkraft ausgesetzt. Während als oberes Druckmaterial ein Glas mit einer hohen Transmission, für die bei 1685 nm verwendete Laserstrahlung gewählt wird, wird auf der Unterseite ein Saphirglas verwendet, das wiederum eine hohe Transmission für den zu erwartenden Bereich der Wärmestrahlung aufweist. Die Wärmebildkamera ImageIR® 8309 der InfraTec GmbH detektiert den Wechselwirkungsbereich zwischen Laserstrahlung und Polymerfolienstapel. Die Wärmebildkamera ist durch einen zusätzlichen Filter vor einfallender Laserstrahlung geschützt. Wird nun die Probe zwischen den festen Positionen der Thermografiekamera und der Laseroptik bewegt, können die Wechselwirkungszone und die Wärmespur im

Nachlauf der eigentlichen Wechselwirkungszone beobachtet und analysiert werden.

Simulation der Energiedeposition

Um die Temperaturverteilung als Folge der Energiedeposition näher zu untersuchen, wird der Erwärmungsprozess für einen Punkt innerhalb der Schweißnaht in einer Schnitt-Seitenansicht in einem aufgelösten Zeitintervall betrachtet. Die geschnittene Seitenansicht erlaubt einen späteren Vergleich mit einem Dünnschnitt.

Bild 5-6: Betrachtung der simulierten Temperaturänderung in zeitlicher Abfolge (0 bis 440 ms) als Ergebnis der Energiedeposition (44,6 J/mm²) mittels Laserstrahlung bei 1685 nm, 15 W, 1,3 mm/s, f= 50 mm

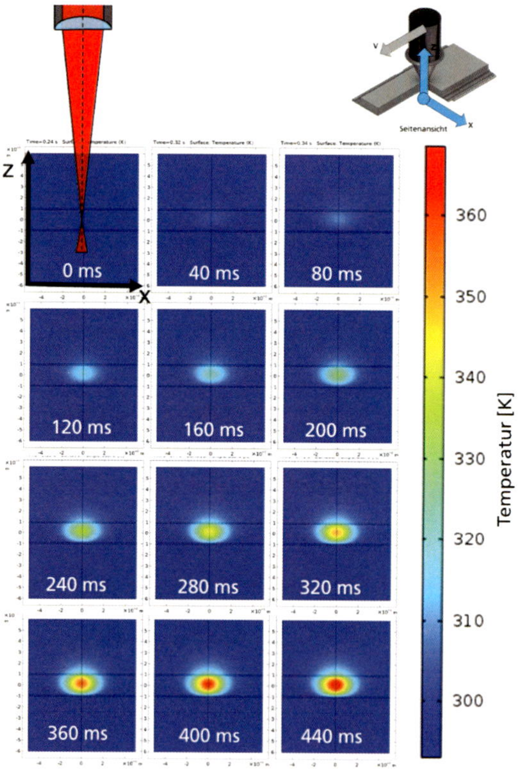

Deutlich zu erkennen ist, dass die größte Energieumwandlung in der Mitte zwischen den beiden Folien stattfindet. Dies fällt mit der exakten Fokussierung des Laserstrahls in den Kontaktbereich der beiden Folien zusammen. Der zentrale Bereich ist immer der wärmste Punkt zu jedem Zeitpunkt der Betrachtung. Von diesem Bereich aus breitet sich die Wärme dann in die umliegenden Bereiche aus. Wird die letzte zeitliche Einstellung genauer betrachtet, fallen zwei Dinge auf: Als erstes wird die maximale Temperatur nur innerhalb des PE erreicht. Daher ist davon auszugehen, dass es zu keinem oder nur zu einem geringen Aufschmelzen des äußeren PET kommt, zumal PET einen deutlich höheren Schmelzbereich als PE hat. Diese Beobachtungen decken sich mit den Ergebnissen an realen Proben (vgl. Dünnschnitt). Als zweiter Punkt kann beobachtet werden, dass die Maximaltemperatur nicht genau mittig zwischen den Folien liegt. Sie ist leicht nach oben in Richtung der einfallenden Laserstrahlung versetzt. Dies lässt sich durch das Lambert-Beer-Gesetz erklären. Die Intensität nimmt mit der Ausbreitungstiefe in der Polymerfolie ab. Kombiniert mit dem Intensitätsmaximum durch die Strahlfokussierung ergibt sich eine Verschiebung in die Richtung, aus der der Laserstrahl auftrifft. Um die Simulationsergebnisse mit der Realität zu vergleichen, werden Proben mit den gleichen Parametern geschweißt. Auf der Basis eines Dünnschnitts in Z-X-Orientierung ist ein direkter Vergleich mit den Simulationsergebnissen möglich.

Bild 5-7: Vergleich zwischen Dünnschnitt mit eingefärbtem Verlauf der Kante der WEZ und dem simulierten maximal erreichten Temperaturfeld

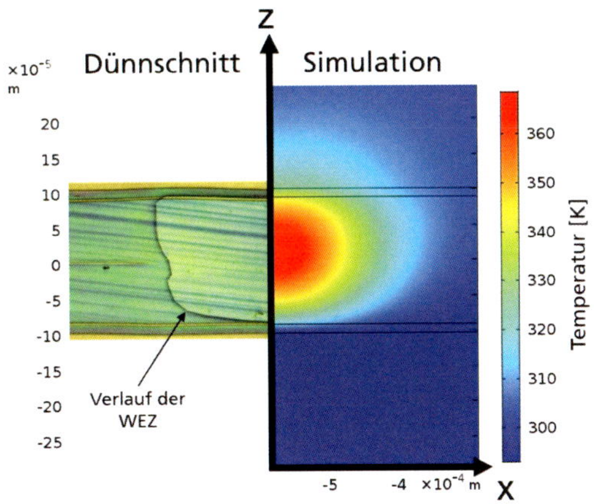

Im Vergleich zur Simulationsaufzeichnung zeigt der Dünnschnitt den Zustand nach Abschluss des Prozesses und vollständiger Abkühlung. Die einzelnen Schichten der Folie sind farblich unterscheidbar. Zusätzlich ist der Bereich deutlich sichtbar, in dem eine vollständige Verbindung der beiden Folien erreicht wird und kein erkennbarer Spalt mehr vorhanden ist. Zudem ist ein Anhaftungsbereich identifizierbar in dem die Folien optisch miteinander verbunden sind, aber keine Wärmeeinflusszone sichtbar ist. Die Wärmeeinflusszone ist definiert als der Bereich, der seine optischen Eigenschaften bei Betrachtung mit der Polarisationsmikroskopie durch die Wirkung der Laserstrahlung verändert hat. Im vorliegenden Dünnschnitt ist dies der optisch hellere Bereich, der zudem durch eine Umrandung zeichnerisch hervorgehoben wurde. Zudem ist auch die leichte Verschiebung der Wärmeeinflusszone in Richtung der Laserstrahlung in Einfallsrichtung in Folge der Intensitätsminderung nach Lambert Beer und der maximalen Intensität an der Oberfläche sowohl im Dünnschnitt und der Simulation zu erkennen. Die reale Schweißnahtbreite ist bezogen auf die Ausdehnung der Wechselwirkungszone her ausgedehnter in X-Richtung als dies durch die Simulation zu erwarten wäre. Hier wird die notwendige Temperatur, die zum Aufschmelzen des Polymers erforderlich ist, nur in einem kleineren, innenliegenden Bereich erzielt. Dies ist nach derzeitigen Erkenntnissen auf die im Simulationsmodell getroffenen Annahmen zurückzuführen. Beispielsweise ändern sich die optischen Eigenschaften des Polymers und damit die Absorption mit steigender Temperatur. Die optischen Eigenschaften der ursprünglichen Bestandteile der Folie wurden mit UV-VIS-IR-Spektrometern bestimmt, allerdings nur für konstante Bedingungen bei Raumtemperatur. Der Einfluss der einzelnen Schichten auf die Propagation und Streuung der Laserstrahlung wurde jedoch mit dem Vier-Fluss-Ansatz [Adn16] vollständig berücksichtigt. Weiterhin wurden Literaturwerte für die temperaturabhängigen Werte der Wärmeleitfähigkeit und der spezifischen Wärmekapazität verwendet, die von den realen Werten der vorliegenden Folie abweichen können. Eine zusätzliche Fehlerquelle kann der Wärmeübergangswiderstand sein, der insbesondere bei sehr dünnen Materialien einen signifikanten Einfluss auf das simulierte Temperaturfeld haben kann (vgl. Diskussion in Verifikation durch Thermographie).

Verifikation durch Thermographie

Der vorherige Vergleich auf der Basis eines Dünnschnitts wird an einer realen Probe nach dem Schweißprozess durchgeführt. Eine weitere Möglichkeit ist eine Analyse der Wärmespur im realen Prozess. Zu diesem

Zweck wird die Probe sowohl in der Simulation als auch in der thermografischen Analyse in der Unteransicht betrachtet. Hierzu werden Proben in der Realität bei zwei verschiedenen Parametersätzen geschweißt und gleichzeitig mit dem gezeigten Versuchsaufbau thermographisch analysiert (Bild 5-8):

Bild 5-8: Vergleich der Wärmespur basierend auf der Simulation und den Messergebnissen [Aif19]

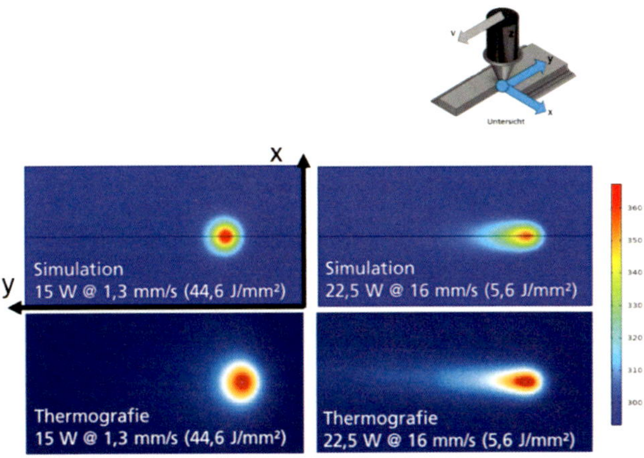

Für die gleichen Parametersätze wird eine numerische Simulation mit dem dargestellten Simulationsaufbau durchgeführt. Sowohl die Simulation als auch die thermografische Beobachtung zeigen bei Vorschubgeschwindigkeiten von 1,3 mm/s eine annähernd kreisförmige Wärmeverteilung, die sich durch das Messfenster bewegt. Wird die Vorschubgeschwindigkeit auf 16 mm/s erhöht, bildet sich eine eher kometenförmige Wärmespur aus. Der qualitative Vergleich zeigt eine gute Übereinstimmung der Simulation mit den tatsächlich gemessenen Werten des Thermografiesystems. Eine weitere Vergleichsmöglichkeit ist den Temperaturverlauf zentrisch durch die Wärmespur über die Länge auszuwerten.

Bild 5-9: Vergleich des Temperatur-verlaufs in Vorschubrichtung für einen Zeitpunkt t von IR-Messung und Simulation [Aif19]

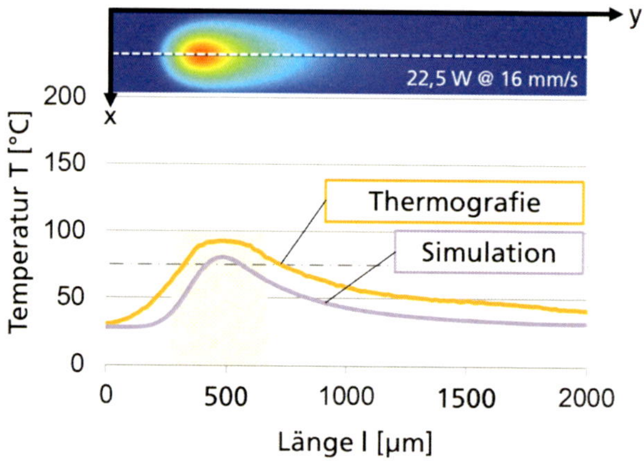

Für die folgende Betrachtung wird die in der Thermografie gemessene Wertkurve als Referenzwert betrachtet. Für die Messungen wurde die Thermografiekamera kalibriert. Die gemessenen Absolutwerte können durch die nachfolgenden Einflüsse zusätzlich beeinflusst werden:

- Emissionsgrad bei unterschiedlichen Polymerarten
- Optische Eigenschaften der Polymerfolie und deren Bestandteile bei Raumtemperatur und Erwärmung
- Eingesetzter Filter zum Schutz der Thermografiekamera vor Laserstrahlung

Mögliche Einflüsse sind die Änderung des Emissionsgrades beim Schmelzen des Polymers und die Wirkung der Polymerfolien, die selbst als Filter wirken. Der Sensor der verwendeten Thermografiekamera hat einen optischen Empfindlichkeitsbereich von 2 bis 5 µm. In diesem Spektralbereich variieren die optischen Eigenschaften der untersuchten Folien stark. Unter anderem schwankt die Absorption zwischen 6 und 85 %. Das bedeutet, dass nicht nur die von der Oberfläche emittierte Wärme von der Kamera erfasst wird, sondern auch Wärmestrahlung aus tieferen Schichten bis hinunter zur Fügeebene. Diese integrale Messung führt dazu, dass die gemessene Temperatur von der Simulation abweichen kann. In der Simulation kann hingegen auch nur eine Schicht dezidiert betrachtet werden. Die Abweichung zwischen den Temperaturen in der Simulation und den realen Messergebnissen lässt sich auf die Dämpfung des Messsignals von der Wechselwirkungszone bis zu dem Thermografiedetektor zurückzuführen. In Bild 5-10 ist dieser Zusammenhang grafisch dargestellt.

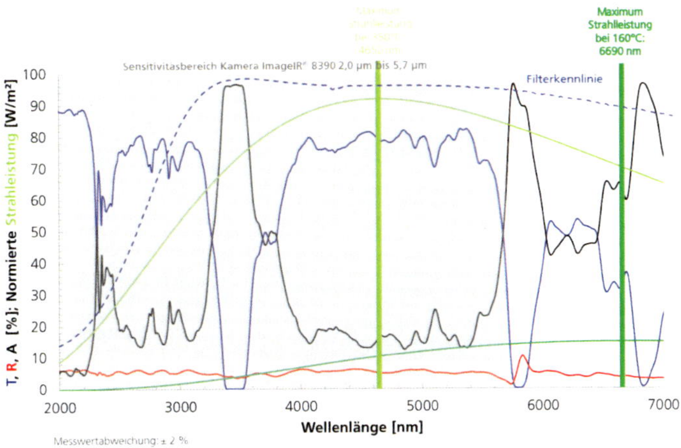

Bild 5-10: Optische Eigenschaften der Folien im sensitiven Bereich der Thermografiekamera

In grün sind die Verläufe gemäß des Planck`schen Strahlungsgesetzes eingezeichnet. Gemäß dem Wien'schen Verschiebungsgesetz ist das Maximum der Strahlleistung für zwei Temperaturen bestimmt und eingezeichnet. Gräulich ist der Sensitivitätsbereich des Thermografiedetektors kenntlich gemacht. Deutlich wird, dass besonders bei typischen Fügetemperaturen um 150 °C die aus dem Prozess emittierte Wärmestrahlung eine starke Dämpfung erfährt. Dies muss bei einem direkten Vergleich mit in die Überlegung einbezogen werden.

Unabhängig von den soeben dargestellten Einflussfaktoren ist zu erkennen, dass die Temperaturkurvenverläufe qualitativ gleich sind. Jedoch fällt bei der detaillierten Betrachtung auf, dass sowohl die Maximaltemperatur als auch die Durchschnittstemperatur unterhalb der in der Thermografie gemessenen Kurve liegen. Eine mögliche Erklärung dafür ist der Grenzflächenwiderstand. Selbst wenn die Folien während des realen Schweißprozesses mit einer Glasplatte flachgedrückt werden, muss davon ausgegangen werden, dass zwischen der oberen PET-Schicht und der Glasplatte ein Luftspalt verbleibt. Dieser Luftspalt reduziert die Wärmeausbreitung in die Glasplatte. Infolgedessen fließt weniger Wärme in die Glasplatte und die Temperatur steigt. Zukünftige Optimierungen des Simulationsmodells werden dieses Thema vertieft behandeln. Des Weiteren fällt auf, dass die erreichten Temperaturen deutlich oberhalb der klassischerweise erwarteten Schmelztemperatur für PE liegen. Eine tiefergehende Betrachtung dieses Phänomens erfolgt im nachfolgenden Kapitel.

Einordnung der Ergebnisse in den Stand der Technik

Das derzeit am weitesten verbreitete Verfahren zum Fügen zweier mehrschichtiger Polymerfolien ist das Heizelementschweißen. Während beim Laserdurchstrahlschweißen die Energie berührungslos genau in der Zwischenebene der Folien eingebracht und somit die Energie im Material umgesetzt wird, erfolgt beim klassischen Heizelementschweißen die Wärmeeinbringung ausschließlich von außen.

Bild 5-11: Prinzip des klassischen Heizelementschweißens

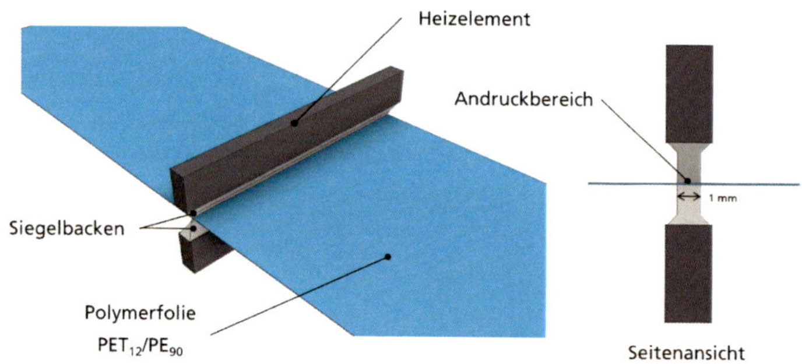

Um die unterschiedlichen Temperaturbelastungen auf den Folienverbund zu untersuchen, wird eine vergleichende Simulation für das klassische Heizelementschweißen durchgeführt. Bild 5-11 zeigt eine Standardimplementierung des Heizelementschweißens zum Verbinden zweier Folienbahnen. Zwei beheizte Backen, sogenannte Schweißbacken, werden von beiden Seiten auf die Folienoberfläche aufgebracht.

Bild 5-12: Simulierter Siegelprozess mit Siegelbacken über die Zeit von t = 0 bis 3000 ms; Abschaltung der Siegelbacken bei t = 2000 ms

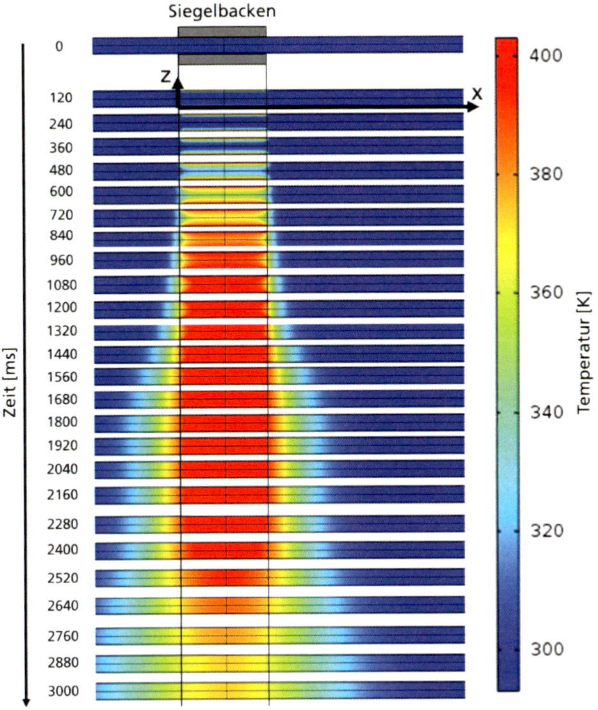

Die maximale Temperatur an der Oberfläche und im oberflächennahen Bereich ist deutlich sichtbar. Wird die zeitliche Entwicklung betrachtet, so zeigt sich, dass nach kurzer Zeit der gesamte Folienverbund das Temperaturmaximum erreicht. Im Vergleich zum Laserdurchstrahlschweißen besteht die Gefahr, dass auch die äußeren Schichten aufgeschmolzen werden. Dies kann zu unerwünschten Schäden an der Folienoberfläche führen.

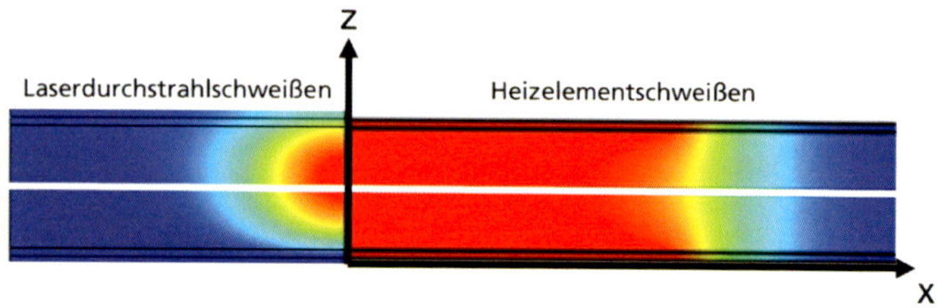

Bild 5-13: Detaillierter Vergleich zwischen der simulierten Temperaturverteilung während des Prozesses beim Laserstrahlschweißen und beim Heizelementschweißen

Werden die beiden Erwärmungsverfahren im Detail verglichen, wird deutlich, dass beim Laserdurchstrahlschweißen die maximale Temperatur nur in der Mitte des Folienstapels erreicht wird. Die Gefahr des Aufschmelzens der PET-Schicht und möglicher weiterer Schichten wie Barriereschichten (vgl. Kapitel 4.4) kann so stark reduziert werden. Dies macht das Laserdurchstrahlschweißen besonders interessant für Anwendungen, bei denen empfindliche Folienschichten wie Barrieresysteme vor thermischen Einflüssen geschützt werden müssen.

Das aufgestellte numerische Simulationsmodell kann dabei helfen, die Temperaturfeldverteilung über die Zeit im Detail zu untersuchen und zu verstehen, um hieraus wiederum Maßnahmen für eine Prozessoptimierung abzuleiten. Der Erwärmungsprozess, aber auch der Abkühlungsprozess und die daraus resultierende Wärmeausbreitung lassen sich eindeutig nachvollziehen. Sowohl der Nachweis anhand von Dünnschnitten als auch thermographische Untersuchungen zeigen eine klare qualitative Übereinstimmung. Die identifizierten Abweichungen zwischen den tatsächlich gemessenen Temperaturen und der simulierten Temperaturverteilung lassen sich nach heutigem Kenntnisstand auf Grenzflächenwiderstände vom Folienmaterial zum umgebenden Druckglas zurückführen. Dieser Grenzflächenwiderstand ist in den meisten Fällen nicht direkt numerisch erfassbar und muss durch sehr zeitaufwendige Iterationsschritte und kontinuierlichen Abgleich mit realen Proben angenähert werden. Eine zukünftige Anpassung des Simulationsmodells ist aktuell Gegenstand der Weiterentwicklung.

5.2 Zeitliche und thermische Voraussetzungen für einen Laserdurchstrahlschweißprozess an Polymerfolien

Die vorhergehenden Betrachtungen zeigen, dass eine Mindestwechselwirkungszeit bzw. Haltezeit pro Weginkrement erforderlich ist, um ein Polymer aufzuschmelzen und eine Verschlaufung der Polymerketten zu ermöglichen. Hieraus lässt sich eine Mindestenergiemenge ableiten, die in einer bestimmten Zeit t in das Polymer deponiert werden muss, um ein Aufschmelzen, aber keine Zerstörung zu erzielen. Dies würde bedeuten, werden die übrigen Parameter, im Rahmen der Möglichkeiten, konstant gehalten und nur die optische Laserleistung erhöht, müsste sich das Prozessfenster zunehmend hin zu höheren Geschwindigkeitsbereichen verschieben. Dies wird in Bild 5-14 für die in Kapitel 5 eingeführte $PET_{12}PE_{90}$ Polymerverbundfolie unter Nutzung des ebenfalls dort eingeführten Versuchsaufbaus umgesetzt.

Bild 5-14: Visuelle Darstellung des gesamten Prozessfensters für $PET_{12}PE_{90}$

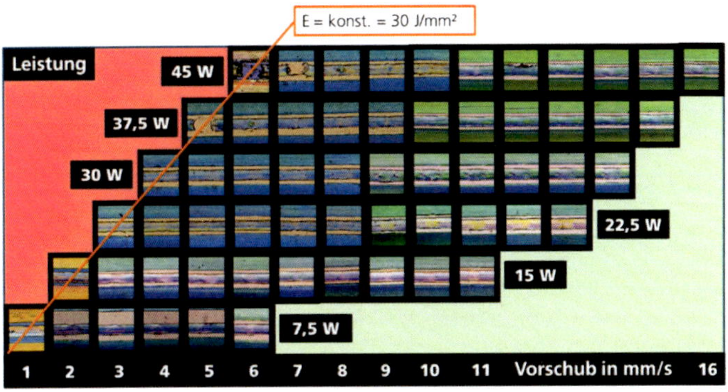

Die konstante deponierte Energie von 30 J/mm² ist anhand der orangefarbenen Geraden dargestellt. Im linken rötlichen Bereich erfolgt eine Schädigung und im rechten grünlichen Bereich findet keine Anbindung mehr statt. Hieraus lässt sich, unter Berücksichtigung der Ergebnisse aus dem vorherigen Kapitel, ableiten, dass insbesondere bei höheren Laserleistungen und Vorschubgeschwindigkeiten die Wechselwirkungszeiten sinken und somit bei gleicher eingebrachter Energiemenge die Temperatur innerhalb der Polymerfolie steigen muss, ohne dass es zu einer Schädigung kommt. Um diesen Zusammenhang genauer zu untersuchen, ist es zwingend notwendig, einen genaueren Blick auf die thermischen Eigenschaften zu werfen. Polymerfolien werden klassischerweise hinsichtlich ihrer thermischen Eigenschaften anhand von etablierten Messverfahren wie Dynamischer Differenzkalorimetrie (DSC) und Thermogravimetrischer Analyse (TGA) charakterisiert. Dies ist in Bild 5-15 als DSC für genau die genutzte Folie $PET_{12}PE_{90}$ gezeigt.

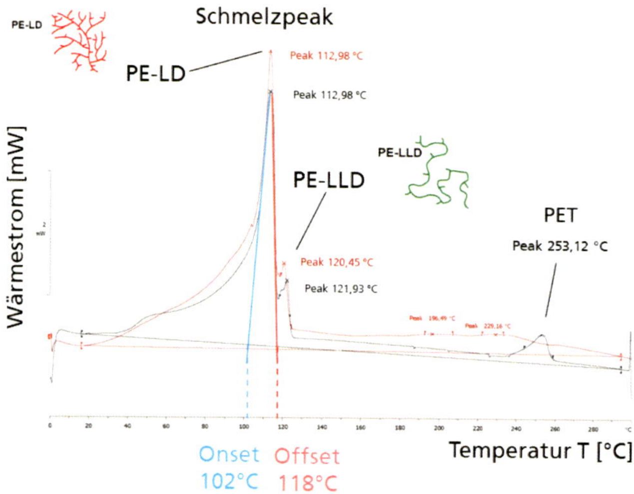

Bild 5-15: DSC-Charakterisierung der eingesetzten $PET_{12}PE_{90}$ Polymerfolie (schwarze Linie = erster Heizlauf, rote Linie = zweiter Heizlauf) mit 10 K/min unter N2-Atmosphäre [Aif19, Messdaten bereitgestellt durch Polifilm Extrusion GmbH; Ivl19] Aufgetragen ist der Wärmestrom über der Temperatur

Sowohl die Schmelzpeaks für die PE-Bestandteile als auch für das PET sind gut ersichtlich. Beim zweiten Heizlauf wird der PET-Peak durch Artefakte des PE verwaschen. In blau bzw. rot werden durch Anlegen von Tangenten an die Kurven die On- bzw. Offset Werte grafisch bestimmt. Der PE-Layer besteht aus zwei verschiedenen PE-Typen, einem PE Low Density (PE-LD) und einem PE Low Low Density (PE-LLD) daher überlagern diese Peaks sich. Der strukturelle Unterschied ist zudem skizziert. Eine TGA wird ebenfalls durchgeführt:

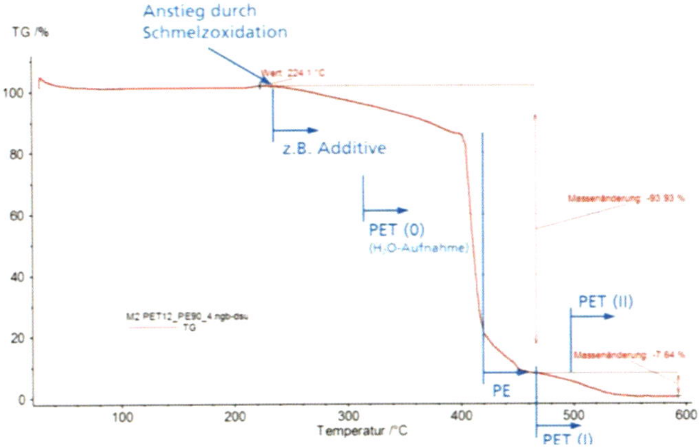

Bild 5-16: TGA-Charakterisierung der eingesetzten $PET_{12}PE_{90}$ Polymerfolie; 10 K/min in AL_2O_3-Tiegel unter synthetischer Luft [Aif19, Messdaten bereitgestellt durch Hydro Aluminium Rolled Products GmbH, Ivl19]

Durch Oxidationsvorgänge ist zunächst ein geringer Massenzuwachs zu verzeichnen, ehe dann eine zunehmende Massenreduktion erfolgt. In Bild 5-16 ist gekennzeichnet, bei welchen Temperaturen jeweils die einzelnen Folienbestandteile zu identifizieren sind. Werden die Ergebnisse der durchgeführten DSC und TGA betrachtet, so wird deutlich, dass sie stark von den zuvor beobachteten Vorgängen beim Laserdurchstrahlschweißen abweichen. Ein Blick auf die verwendeten Aufheizraten (10 K/min) zeigt, dass sie sich um Größenordungen unterscheiden. Daraus ergibt sich die Fragestellung, ob durch erhöhte Aufheizraten sich der Schmelz- bzw. Zersetzungspunkt verschiebt, denn dies müsste der Fall sein, wenn die gemessenen und simulierten Temperaturen während des Laserdurchstrahlschweißprozesses korrekt sind. In der Literatur zeigen Kim et. Al eine Verschiebung der TGA Kurve von Polypropylen abhängig von den Aufheizraten [Kim05].

Bild 5-17: Einfluss unterschiedlicher Aufheizraten von PP bei einer TGA [Kim05]

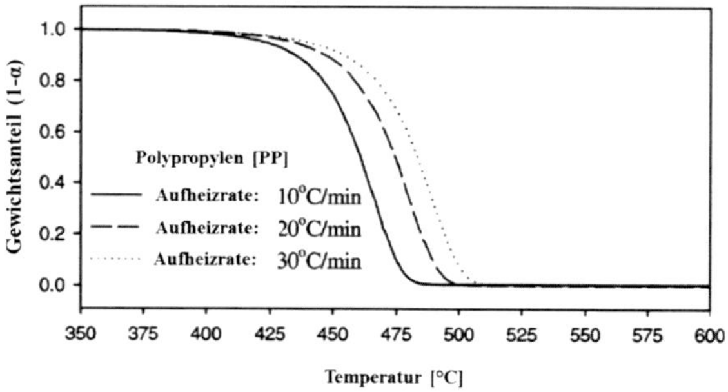

Deutlich wird, dass die Aufheizrate einen direkten Einfluss auf die Schmelze- bzw. Zersetzungstemperatur hat. Die genutzten Aufheizraten liegen allerdings in einer anderen Größenordnung als dies beim betrachteten Laserdurchstrahlschweißen der Fall ist. Mit einem neu entwickelten Messverfahren, der sogenannte Fast Scanning Calorimetry (FSC), die auch als Flash DSC bezeichnet wird, ist es möglich Aufheizraten von mehreren tausend K/min zu realisieren. Mit FSC wird nun bei unterschiedlichen Aufheizraten eine Messung an der $PET_{12}PE_{90}$ durchgeführt (vgl. Anhang). Zusätzlich werden für einen besseren Vergleich noch die Daten aus der vorangegangen klassischen DSC miteinbezogen. Dabei wird deutlich, dass bei zunehmenden Aufheizraten eine Verschiebung des Schmelzpunktes hin zu höheren Temperaturen erfolgt. Dies stützt die These weiter, dass sich auch der Zersetzungspunkt hinzu höheren Temperaturen verschiebt. Somit ist bei kurzen Wechselwirkungszeiten eine höhere Temperatur ohne bleibende Schädigung des Polymers möglich. Welche exakten Temperaturen in der Wechselwirkungszone dabei toleriert werden können, ist derzeitig Stand der Forschung und wird untersucht.

Wird jetzt die andere Seite des Prozessfensters, also der Beginn des Anhaftens für eine Fügeverbindung betrachtet, stellt sich die Frage, wie genau diese Temperatur messtechnisch erfasst werden kann. Hierzu werden verschiedene Messverfahren und Ansätze verglichen und deren Ergebnisse mit den Werten aus thermografischen Messungen während realer Schweißversuche verglichen. Als zielführend zur Ermittlung der notwendigen Temperaturbedingung für eine beginnende Anhaftung von PE-LD hat sich eine Messung des temperaturbezogenen Anhaftebeginns mittels Platte-Platte-Rheometer bewährt. Hierbei werden zwei PET12PE90 Folien an der Auflageplatte und Gegenplatte des Rheometers fixiert (Bild 5-18 (l)). Für die Messung des temperaturabhängigen Anhaftebeginns werden nun die Folien erhitzt und dann mit 30 N Kraft für 30 s aufeinandergepresst. Dies wird bei unterschiedlichen Temperaturen durchgeführt und die Kraft bei dem anschließenden Auseinanderziehen aufgezeichnet (Bild 5-18 (r)).

Bild 5-18: Klebrigkeitsmessung an einem Plattenrheometer an einer $PET_{12}PE_{90}$ Folie (l), Ergebnisse (r) [Aif19, Messdaten bereitgestellt durch Hydro Aluminium Rolled Products GmbH, Ivl19]

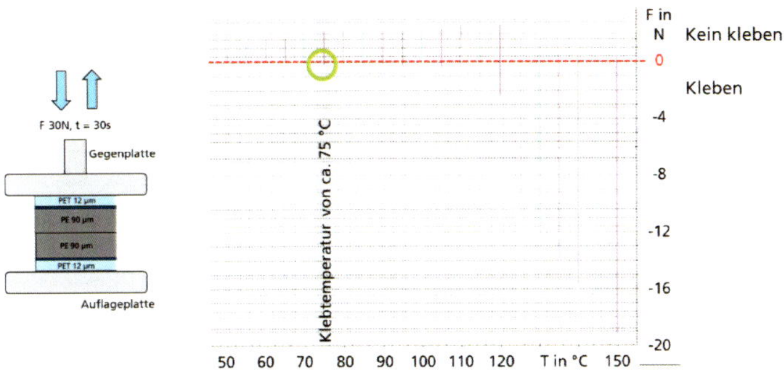

Wird die maximale Kraft, die benötigt wird, um die Platten auseinander zu ziehen, über die Testtemperaturen aufgetragen, lässt sich der Klebebeginn bei etwa 75 °C ermitteln. Kraft, die zum Auseinanderziehen benötigt wird, ist $F < 0$ N (Kreismarkierung). Zusammenfassend lässt sich die $PET_{12}PE_{90}$ Folie anhand der durchgeführten Messungen wie folgt charakterisieren:

Bild 5-19: Übersicht der gemessenen Werte mit den unterschiedlichen Messverfahren [Aif19]

	DSC (10 & 50 K/min)		FSC (< 5000 K/s)	Rheometer	TGA
	Schmelzpeak	Onset	Schmelzpeak	Klebbeginn	Zersetz. ab
PET_{12} / PE_{90}	113 °C	≈ 100 °C	130 °C grafisch ermittelt	75 °C	224 °C

Um nun die Eignung der gemessenen Werte hinsichtlich der erforderlichen Mindestwechselwirkungszeit zu prüfen, werden mit dem in Kapitel 5.1.1 eingeführten Thermografieaufbau zur Verifikation des Simulationsmodells Laserschweißversuche an realen Proben durchgeführt. Dabei wird der zeitliche Verlauf der Temperatur in Längsrichtung durch die Wärmespur für unterschiedliche Energien dargestellt. Zudem werden T-Peel Versuche nach DIN 55529 zur Bestimmung der maximalen Schweißnahtfestigkeit (SNF) durchgeführt.

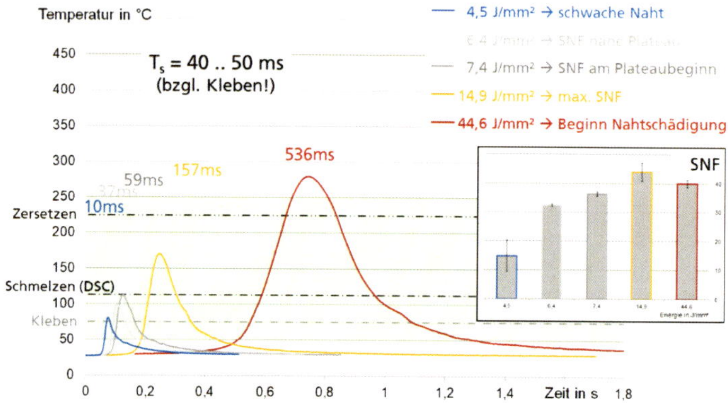

Bild 5-20: Mindestwechselwirkungszeit für $PET_{12}PE_{90}$ [Aif19]

Zur besseren Orientierung sind die zuvor in den DSC- und Rheometermessungen ermittelten Temperaturen durch Geraden eingezeichnet. Deutlich wird, dass eine Schweißverbindung entsteht, sobald die ermittelte Temperatur für den Beginn des Klebens (75 °C) überschritten wird. Je länger diese Grenze überschritten wird und je höher die maximale Temperatur ist, desto höhere SNF werden erreicht. Wird hingegen die Zersetzungstemperatur überschritten, sinkt die SNF aufgrund der Schädigung und der damit verbundenen Verringerung des Anbindungsquerschnitts wieder ab. Grafisch kann so ermittelt werden, dass eine Haltezeit von 40 bis 50 ms oberhalb der Klebetemperatur für die untersuchten Folien erforderlich ist, um eine feste Fügeverbindung auszubilden (vgl. SNF). Wird jetzt der Temperaturverlauf quer zur Schweißnahtrichtung betrachtet und das Prozessfenster zusätzlich erweitert, ergibt sich der im folgenden dargestellte Temperaturverlauf über die Nahtbreite:

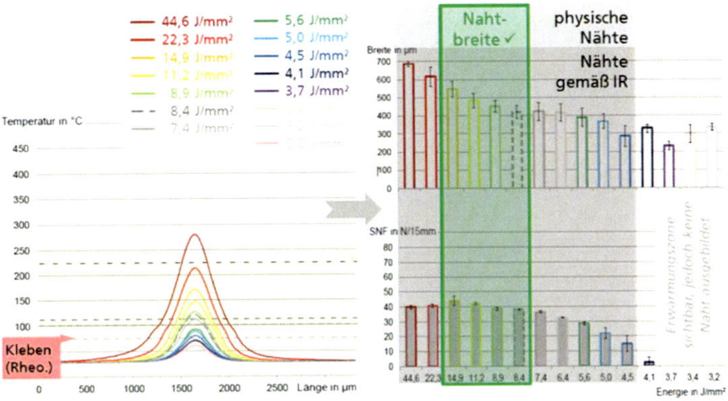

Bild 5-21: Visuelle Darstellung des gesamten Prozessfensters für $PET_{12}PE_{90}$ [Aif19]

Die Nahtbreite wird dabei anhand von erstellten Dünnschnitten in einer Durchlichtmikroskopie vermessen. Deutlich wird, dass bei Überschreiten der rheometrisch ermittelten Klebetemperatur physische Nähte entstehen und auch die Schweißnahtfestigkeiten bis zum Erreichen eines grün gekennzeichneten Bereiches kontinuierlich steigen. In dem gekennzeichneten Bereich besteht zudem eine Korrelation zwischen der theoretisch zu erwartenden und real vermessenen Schweißnahtbreite. Der große Energiebereich, in dem die SNF auf etwa gleichem Niveau liegt, zeigt einen robusten Prozess, der bei Wahl eines mittleren Energieparameters als Startpunkt auch bei Schwankungen in der Geschwindigkeit oder Laserleistung gleiche SNF liefert. Dies ist insbesondere für industrielle Umsetzungen von hoher Bedeutung. Die experimentell ermittelte Mindesthaltezeit limitiert die Skalierung des Prozesses zunächst. Aktuelle Forschungsfragen beschäftigen sich derzeit damit, die exakten Grenzen der Wechselwirkungszeit genauer zu untersuchen. Erste Versuche zeigen dabei interessante Ergebnisse: So können beim klassischen Laserdurchstrahlschweißen von einem transparenten und absorbierenden Fügepartner mit hohen Intensitäten in Größenordnungen von 1kW/cm² und Laserpulsen im Bereich von wenigen Millisekunden ebenfalls belastbare Schweißverbindungen erzielt werden [Hsw21]. Mit welchen technologischen Ansätzen und Konzepten zudem eine Steigerung der Produktivität des Laserdurchstrahlschweißprozesses umgesetzt werden kann wird in Kapitel 6 diskutiert.

6 Möglichkeiten der Produktivitätssteigerung durch angepasste Prozesssystematik, Skalierung und Prozessüberwachung

6.1 Grundlegende Eignung von wellenlängenangepassten Laserstrahlquellen zum Trennen von Polymerfolien[8]

In den vorhergehenden Untersuchungen konnte gezeigt und herausgearbeitet werden, dass der Energiedepositionsvorgang sich innerhalb eines Volumens vollzieht. Dieses Volumen schmilzt partiell auf, sofern durch die angebotene Energiemenge die spezifische Schmelzschwelle des jeweiligen Polymers überschritten wird. Hieraus ergibt sich die Fragestellung, ob durch weitere Erhöhung der deponierten Energiemenge auch ein beabsichtigtes Trennen von Polymeren möglich ist. Ziel ist dabei, die Polymerfolie definiert zu zersetzen bzw. zu zerstören und damit zu trennen. Das Prozessfenster für das Laserschneiden liegt im Zersetzungsbereich und damit bezogen auf die Temperatur neben dem bisher betrachteten Prozessfenster des Laserdurchstrahlschweißens (siehe Bild 6-1). Unterschieden werden muss im Bereich der Schnittfuge zwischen drei verschiedenen Zuständen des Polymers. Das umgebende Material ist fest. Die Randbereiche sind aufgeschmolzen. Diese Schmelze wird idealerweise durch den koaxialen Gasstrahl ausgeblasen. Der Bereich des Polymers, mittig in der späteren Schnittfuge, wird durch die auftreffende Laserstrahlung verdampft.

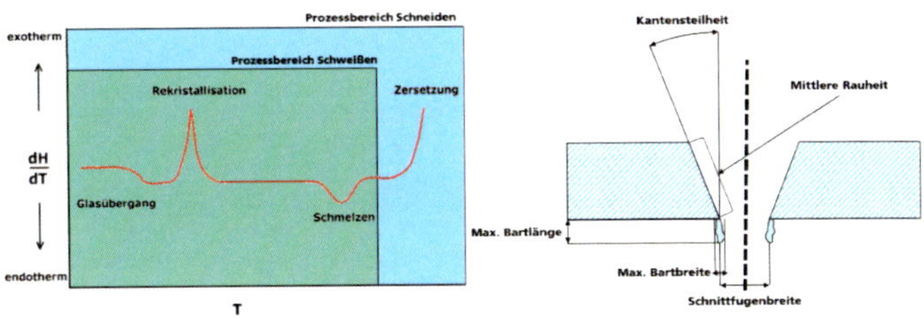

Bild 6-1: Schnittfuge und Prozessfenster beim Laserstrahlschmelzschneiden [Din03]

Da das Ziel des Laserschneidens darin besteht, das Material lokal zu zerstören bzw. auszublasen, kommt der zuvor bei dem Laserdurchstrahlschweißen sehr wichtigen Einzellagenbetrachtung zunächst nur eine Randbedeutung zu. Die Betrachtung eines gemeinsamen Schmelzbades

[8] Dieses Kapitel enthält Ergebnisse aus den Abschlussarbeiten: A2; A3; A12

und dessen Einflüsse auf die umliegenden Bereiche sind von größerer, übergeordneter Bedeutung. Laserbasierte Schneidprozesse mit einem CO_2-Gaslaser mit einer Emissionswellenlänge von 10600 nm sind industriell etabliert und stellen den aktuellen Stand der Technik beim Laserschneiden von Polymerfolien dar und werden für die weiteren Untersuchungen immer als Referenzgröße herangezogen (vgl. Kapitel 2.4). Um einen möglichst effizienten Schneidprozess zu erreichen, muss ein Bereich mit höherer Absorption des jeweiligen Polymers getroffen werden. Daher ist zunächst eine Betrachtung an Monopolymersystemen sinnvoll, um eine Aussagefähigkeit für einzelne Polymerarten zu erhalten. In Anlehnung an die $PET_{12}PE_{90}$ Folie werden daher ein Mono-PET und ein Mono-PE ausgewählt. Ergänzt werden diese um ebenfalls gebräuchliche PP- sowie PMMA- und PC-Polymere, die Anwendung bei der Verpackung sehr hochwertiger Güter in Medizin und Kosmetik finden. Zur Charakterisierung der optischen Eigenschaften werden Spektralanalysen an den ausgewählten Polymeren durchgeführt. Die gemessenen Absorptionskurven der ausgewählten Polymere sind im Anhang zu finden. Die verfügbaren Strahlquellen werden nach dem Kriterium der höchsten Absorption den ausgewählten Polymeren zugeordnet. Die Strahlqualität sowie die höher verfügbaren optischen Leistungen werden bewusst als Auswahlkriterien zurückgestellt, da im weiteren Verlauf der Arbeit auch die Frage diskutiert werden soll, ob ein Schweißen und Schneiden mit der gleichen Laserstrahlquelle erfolgen kann. Damit ergibt sich die folgende Übersicht:

Bild 6-2: Gewählte Strahlquellen mit Wellenlänge und Typ sowie Materialzuordnung

Type	Peak Wellenlänge [nm]	Max. optische Leistung[W]	M^2	Faser Ø [µm]	Fokus Ø [µm]	Material
Diode	1660	82 cw	> 20	600	530	PET, PP, PMMA
Diode	1685	108 cw	> 20	600	550	PET, PP. PMMA
Diode	1940	42 cw	> 20	600	540	PE, PP
Faser	1940	100 cw	1,05	Kollimator	100	PE, PP
Gas	10600	37 cw	1,10	-	220	PE, PE, PP, PMMA, PC

Für die Untersuchungen werden drei Dioden- und eine Faserlaserstrahlquelle sowie eine CO_2-Laserstrahlquelle genutzt. Zur Herstellung von Referenzproben und zur Einordnung der Ergebnisse werden Schneidproben mit einem klassischen CO_2-Gaslaser produziert. Die Dioden- und Faserlaserstrahlquellen sind fasergekoppelt und können dadurch mit der gleichen Laserschneidoptik betrieben werden. Die Laserschneidoptik besteht aus einer Kollimationslinse (nur Diodenlaser) und einer Fokussierlinse.

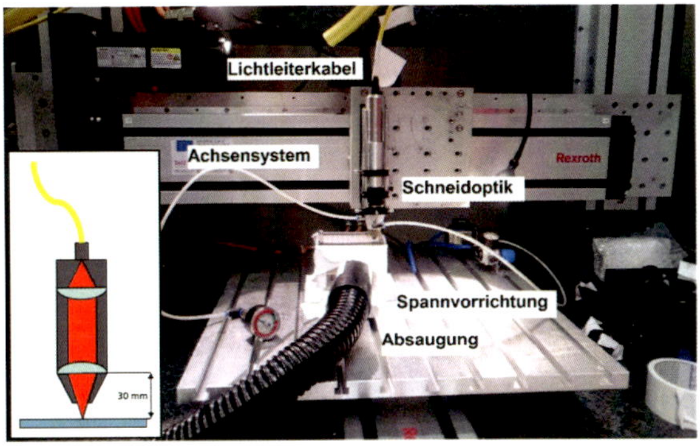

Bild 6-3: Versuchsaufbau für die Laserschneiduntersuchungen [A4]

Die Laserstrahlung wird durch eine Fokussierlinse mit einer Brennweite von 30 mm auf die Werkstückoberfläche fokussiert. Koaxial ist eine Düse zur Zuführung des Schneidgases angeordnet. Als Schneidgas wird, da es sich um ein Laserstrahlschmelzschneideverfahren handelt, Druckluft verwendet. Der Druck kann dabei über ein Manometer eingestellt werden. Der Innendurchmesser der Schneidgasdüse beträgt 5 mm. Die Laseroptik ist auf einem X-Y-Z-Achsensystem montiert und kann entlang der gewünschten Kontur bewegt werden. Mittels eines metallischen Rahmens können die Proben positioniert und fixiert werden. Entstehender Rauch und Gase können mittels Absaugung direkt aus der Vorrichtung abgesaugt werden. Hierdurch bildet sich ein prozessunterstützender, in die gleiche Richtung wie der Schneidgasstrom wirkender, Volumenstrom. Die bereits in Bild 6-1 eingeführte DIN EN ISO 9013 bietet die Möglichkeit Schnitte in der Queransicht an definierten Kriterien zu beurteilen und wird für die weitere Bewertung herangezogen. Zudem wird das Kriterium eines technisch relevanten Schnittes eingeführt. Dieses ist erfüllt, wenn das Polymer vollständig durchtrennt wird, die Vorschubgeschwindigkeiten >1mm/s sind und eine Vermessung der Schnittfuge eindeutig an definierten Kanten erfolgen kann. Einfluss der Vorschubgeschwindigkeit auf die Schnittfugenbreite

PE (1940 nm Diodenlaser; 1940 nm Faserlaser)

Um den Einfluss der Vorschubgeschwindigkeit auf die Schnittfugenbreite und den Einfluss der unterschiedlichen Fokusdurchmesser zu untersuchen wird die Vorschubgeschwindigkeit bei einer optischen Leistung von 88 W der Faserlaserstrahlquelle und 36 W des Diodenlasers variiert. Unterschiedliche optische Leistungen sind aufgrund der verschiedenen Strahldurchmesser gewählt. Anschließend wird die Schnittspaltbreite anhand eines Dünnschnitts vermessen. Für jeden Punkt werden dabei nachfolgend immer fünf Proben ausgewertet.

Bild 6-4: Einfluss der Vorschubgeschwindigkeit auf die Schnittspaltbreite von PE

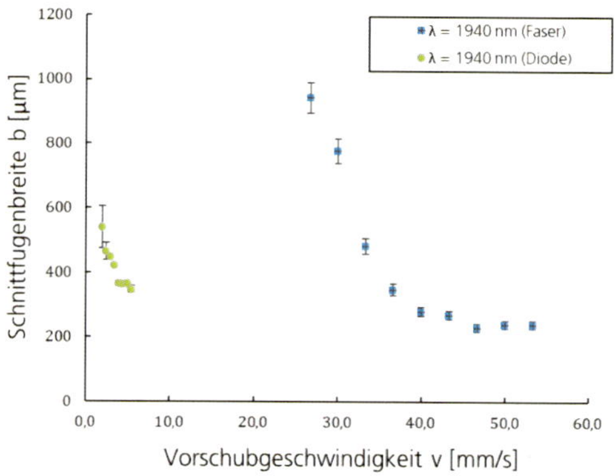

Mit dem Thuliumfaserlaserstrahlquelle können bei einer Wellenlänge von 1940 nm kleinere Schnittfugenbreiten und höhere Vorschubgeschwindigkeiten erreicht werden als mit dem Diodenlaser. Mit einer optischen Leistung von 88 W kann so bei einer Vorschubgeschwindigkeit von 40 mm/s eine Schnittfugenbreite von 280 µm erzielt werden. Insbesondere bei hohen Vorschubgeschwindigkeiten können dadurch kürzere Wechselwirkungszeiten realisiert werden, was zu einer geringeren Schnittfugenbreite führt. Der Vergleich der Streckenenergien, 1,96 J/mm Faserlaser zu 9,25 J/mm Diodenlaser, zeigt den deutlich höheren Energieeintrag. Die Absorption der Laserstrahlung beider Laserstrahlquellen findet nicht oberflächennah, sondern aufgrund der Absorptionslänge bzw. auch Transmissionsanteilen (vgl. spektrale Analyse im Anhang), im gesamten Materialvolumen statt. Aufgrund der Volumenabsorption im Material schmilzt ein größerer umliegender Bereich der Schnittfuge auf, als dies bei der klassischen CO_2-Laserstrahlquelle der Fall ist, bei dem die Strahlung oberflächennah absorbiert wird und Wärme nur über Wärmeleitung und nicht durch Deposition innerhalb des Polymers erfolgt. Dies führt zu einem größeren aufgeschmolzenen Gesamtvolumen in den an der Schnittfuge gelegenen Bereichen. Durch den wirkenden Schneidgasstrom wird das geschmolzene Polymer nach unten ausgetrieben und lagert sich als Bart an.

Aufgrund der begrenzten maximalen Leistung der verwendeten Strahlquellen und der damit verbundenen geringen Vorschubgeschwindigkeit ist die Wechselwirkungszeit pro Weginkrement deutlich höher, was ebenfalls zum Aufschmelzen des umgebenden Polymers führt. Diese Erklärung wird durch die geringe Absorption von 12 % und damit einer hohen Transmissionsrate des PEs bei 1940 nm gestützt. Dementsprechend wird das Material vollständig durchwärmt. Werden für die qualitativ besten Schnittergebnisse Dünnschnitte herangezogen, ergibt sich das nachfolgende Bild 6-5:

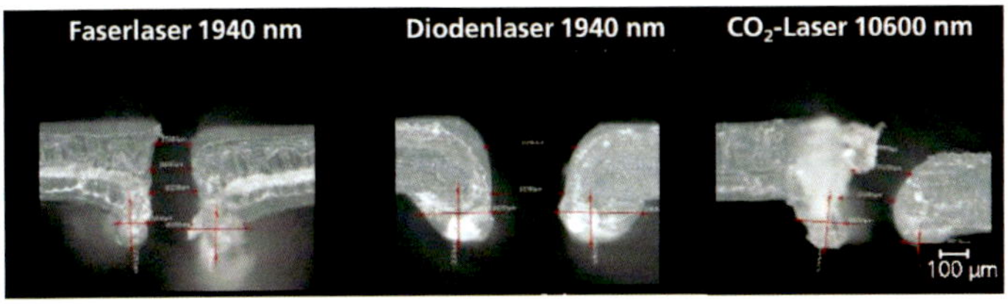

Bild 6-5: Querschnitte des PE-Schneidspalts für untersuchte Strahlquellen [A4]

Auffällig ist die geringe Schnittfugenbreite, die im direkten Vergleich aller Systeme, mit der Faserlaserstrahlquelle erzielt werden kann. Dies ist auf eine Kombination von guter Fokussierbarkeit und dem Einbringen einer geringen Streckenenergie zurückzuführen. Die Schnittergebnisse für die CO_2-Laserstrahlquelle zeigen eine ausgeprägte Bart- und Schmelzebildung. Dies lässt sich ebenfalls auf eine Volumenabsorption zurückführen (vgl. $\alpha = f(\lambda)$).

PET (1660 nm Diodenlaser; 1685 nm Diodenlaser)

Technisch relevante Schnittergebnisse können mit beiden Diodenlaserstrahlquellen erzeugt werden. Dies ist insbesondere interessant, weil das PET, neben dem schon untersuchten PE, das zweitwichtigste Polymer im Bereich der Verpackungstechnik darstellt. Mit zunehmender Vorschubgeschwindigkeit nimmt die Schnittfugenbreite ab. Ersichtlich wird auch, welchen Einfluss die Absorption auf die Schnittfugenbreite hat. Der Diodenlaser mit einer Emissionswellenlänge von 1660 nm liegt genau auf dem intrinsischen Absorptionspeak von PET (vgl. Spektrum). Dadurch kann eine höhere Absorption erreicht werden, als dies bei 1685 nm der Fall ist. Dies erklärt auch, warum die Schnittfugenbreiten in einem Vorschubgeschwindigkeitsbereich von 4 mm/s bis 12 mm/s deutlich voneinander abweichen. Typische gemessene Bartlängen bewegen sich zwischen 200 – 400 µm.

Bild 6-6: Einfluss der Vorschubgeschwindigkeit auf die Schnitt-spaltbreite von PET

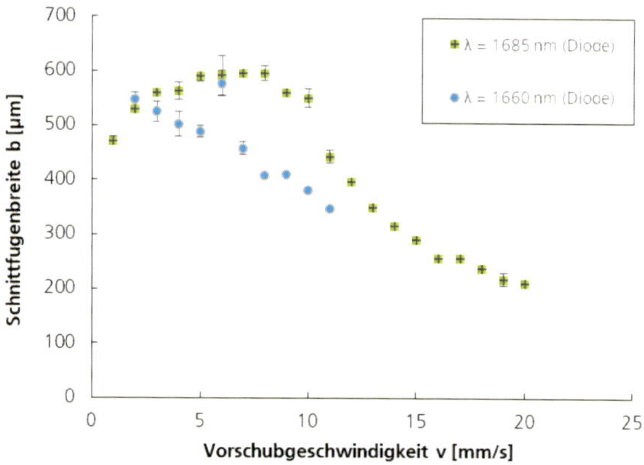

Im direkten Vergleich zeigt sich, dass mit der CO_2-Laserstrahlquelle Schnittergebnisse mit einer geringeren Schmelze- und Bartbildung erzielt werden können. Dies lässt sich auf eine bessere Absorption zurückführen. Zudem muss aufgrund der schlechteren Fokussierbarkeit in Verbindung mit einer Volumenabsorption, ein höherer Schneidgasdruck gewählt werden, was wiederum auch zu einem erhöhten Schmelzeaustrieb führt.

Bild 6-7: Querschnitte des PET-Schneid-spalts für untersuchte Strahlquellen [A4]

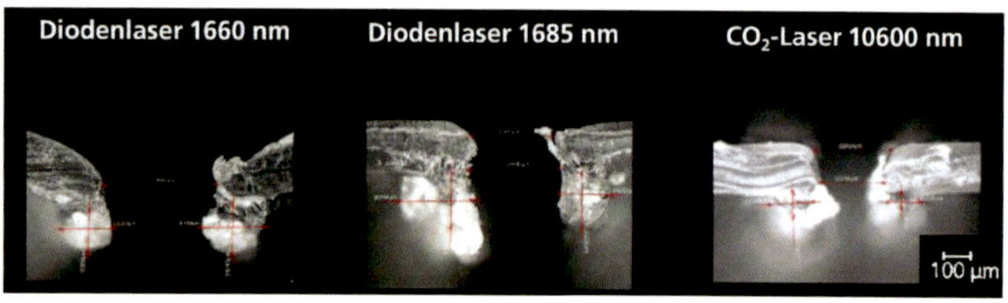

PP (1660 nm, 1685 nm Diodenlaser; 1940 nm Faserlaser)

Die untersuchte PP Folie lässt sich mit allen Laserstrahlquellen technisch relevant schneiden. Bei der Nutzung des 1660 nm Dioden- und 1940 nm Faserlasers sind deutlich Bartbildungen an der Unterseite erkennbar. Auffällig ist auch der auf beiden Seiten der Schnittfuge verlaufende aufgeschmolzene und wieder erstarrte Bereich, der im Falle des PP besonders gut zu erkennen ist. Dies lässt sich auf die teilkristalline Struktur des PPs und der damit in der Mikroskopie gut erkennbaren WEZ zurückführen.

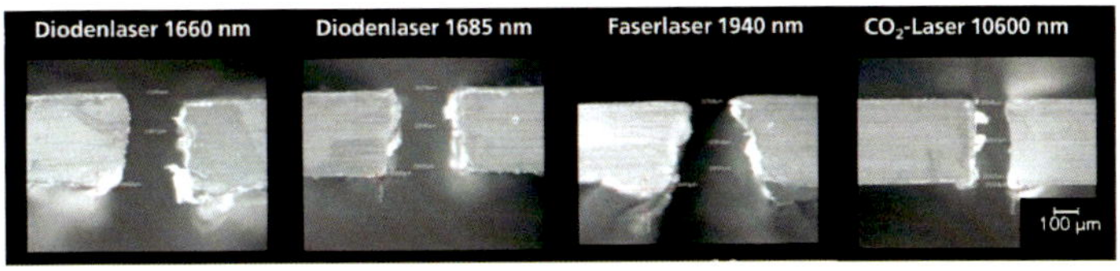

Bild 6-8: Schnittfugenquerschnitte von PP für untersuchte Strahlquellen [A4]

Im Vergleich zu den vorherigen durchgeführten Versuchen, können für einen technisch relevanten Schnitt deutlich langsamere Vorschubgeschwindigkeiten von 9 mm/s erreicht werden (PE 50 mm/s; PET 20 mm/s). Somit ist die Wechselwirkungszeit pro Weginkrement höher. Die deponierte Energie hat somit länger Zeit als Wärme in den Werkstoff zu propagieren und den Bereich um die Schnittfuge aufzuschmelzen. Auffällig ist auch eine V-förmige Ausprägung der Schnittfuge bei Nutzung der Faserlaserstrahlquelle. Dies wird auch in der Aufsicht ersichtlich (Bild 6-9).

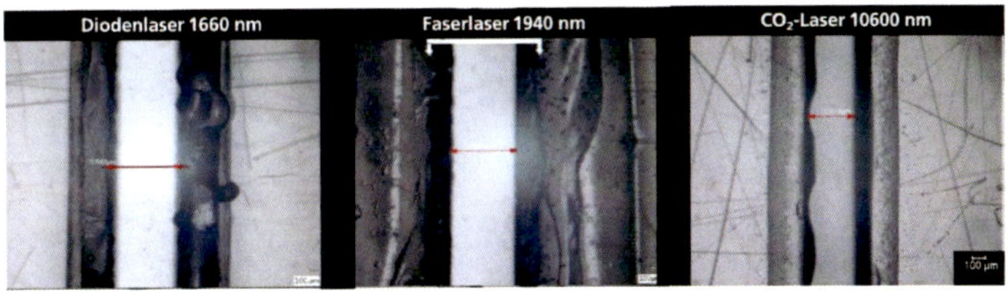

Bild 6-9: Aufsicht auf den PP-Schneidspalt für untersuchte Strahlquellen [A4]

Die exzellente Strahlqualität und damit gute Fokussierbarkeit spielt in diesem Falle eine untergeordnete Rolle. Die geringe Absorption ist als primäre Ursache zu benennen (vgl. Spektrum Bild 9-2). Dadurch findet eine vollständige Durchschmelzung statt und das gesamte Volumen wird unter Bildung eines Barts nach unten ausgeblasen. Das eingeführte Auswahlkriterium der höchsten Absorption der Polymerfolie bezogen auf die Laserstrahlquelle kann somit als zielführend betrachtet werden. Wird der Einfluss der Vorschubgeschwindigkeit auf die Schnittfugenbreite analysiert, ergibt sich das nachfolgende Diagramm:

Bild 6-10:
Einfluss der Vorschubgeschwindigkeit auf die Schnittspaltbreite von PP

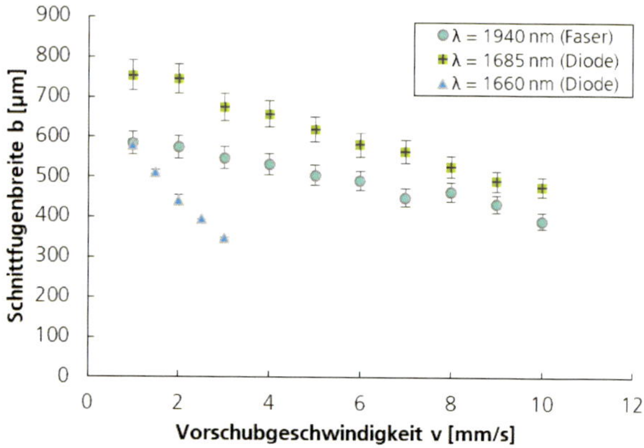

Deutlich ist auch bei dem PP die Schnittfugenverbreiterung bei Verringerung der Vorschubgeschwindigkeit zu erkennen. Die Steigungen der Kurve ist insbesondere beim Diodenlaser mit 1660 nm steil und das Prozessfenster vergleichsweise klein. Eventuelle Schwankungen in der Vorschubgeschwindigkeit oder Abweichungen in der Prozessführung wirken sich dadurch wesentlich stärker auf die Schnittfugenbreite aus. Werden die Ergebnisse des Diodenlasers mit 1660 nm zurückgestellt und nur die Verläufe der Kurven für den Diodenlaser bei 1685 nm und den Faserlaser bei 1940 nm diskutiert, zeigt sich der auch schon in den Einzelbildern zu erkennende direkte Einfluss der Absorptionsrate. Beide Laserstrahlquellen werden bei im Rahmen der Messgenauigkeit annähernd gleichen optischen Laserleistungen von 66 - 67 W betrieben. Trotz des deutlich kleineren Fokusdurchmessers des Faserlasers unterscheiden sich die Schnittfugenbreiten im Bereich von 8 bis 10 mm/s entgegen den Erwartungen nur um 50 bis 80 µm. Werden die gesamten Schnittergebnisse für das PP noch einmal unter dem Aspekt der Bartlänge gemäß DIN 9013 betrachtet, so zeigen sich auch im Vergleich zum CO_2-Gaslaser besonders mit dem Diodenlaser bei 1685 nm gute Schnittergebnisse, die den Anforderungen für viele industrielle Applikationen gerecht werden.

PMMA/PC (1660 nm, 1685 nm Diodenlaser; 1940 nm Faserlaser)

Die zuvor betrachteten Polymere finden sehr häufig Anwendung innerhalb von mehrschichtigen Polymerfoliensystemen oder als Monomaterialien von Leichtverpackungen. PMMA und PC-Folien hingegen werden auch aufgrund der Kosten für höherwertige Produktverpackungen oder beispielsweise auch zur Herstellung von Produkten für lichttechnische Anwendungen wie LED-Panels eingesetzt. Wie auch schon bei den vorhergehenden Untersuchungen festgestellt, lassen sich keine technisch relevanten Schnitte erzielen. Das Kriterium der klar definierten Kante zur Durchführung einer Schnittfugenbreitenmessung kann nicht erfüllt werden.

Bild 6-11: Schnittfugenquerschnitte von PMMA für untersuchte Strahlquellen [A4]

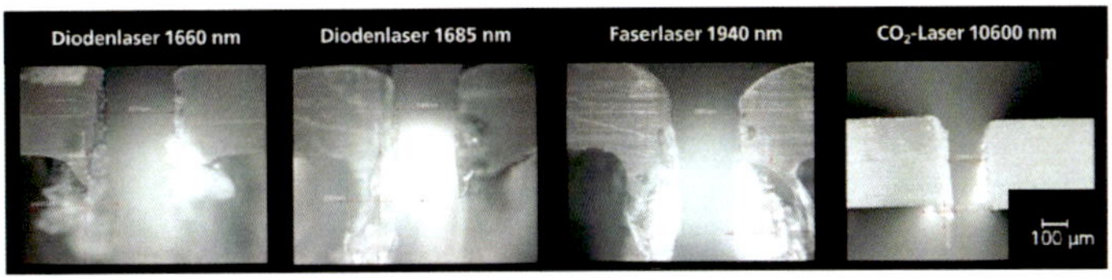

Sowohl PMMA als auch PC lassen sich trennen, aber nur unter Bildung eines starken Schmelzauswurfs und Fäden der austretenden Schmelze. Wie in Bild 6-12 und Bild 6-11 ersichtlich, befinden sich die Schmelzefäden und Ablagerungen an den Seiten und innerhalb der Schnittfuge sowie auf der Unterseite der Polymerfolie, als Bart angelagert. Die Bildung von Schmelzefäden ist auf das Loslösen einzelner Schmelzepartikel und sukzessivem Wiedererstarrens infolge des einwirkenden Schnittgasstroms zurückzuführen.

Bild 6-12: Querschnitte des PC-Schneidspalts für untersuchte Strahlquellen [A4]

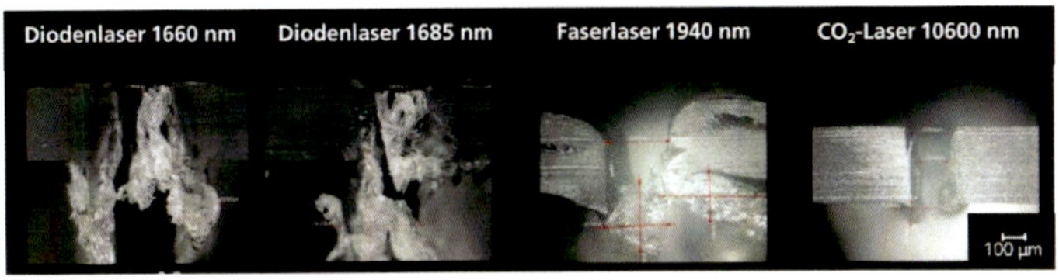

Zusätzlich zur starken Schmelzebildung ist beim Laserschneiden von PC eine bräunliche Verfärbung, um die Schnittfuge zu identifizieren, Diese ist auch bei der klassischen CO_2-Laserstrahlquelle vorhanden, wenngleich hier im Querschnitt ein gutes Schnittergebnis erzielt werden kann.

Die Volumenabsorption in Verbindung mit langen Wechselwirkungszeiten aufgrund der geringen Absorption führt zu einer starken Schmelzebildung. Um diesen Prozess genauer zu untersuchen, werden im Folgenden eine außeraxiale thermographische Untersuchung und eine thermische Simulation des Schneidprozesses durchgeführt. Dabei wird auf das bereits eingeführte Simulationsmodell für mehrschichtige Polymerfoliensysteme zurückgegriffen und entsprechend nur für eine Monoschicht angewendet. Um eine Vergleichsbasis zu schaffen und eine Einordnung zu ermöglichen, erfolgen die Untersuchungen am schon vielfach betrachteten PE, wie es auch in der $PET_{12}PE_{90}$ Polymerfolie enthalten ist.

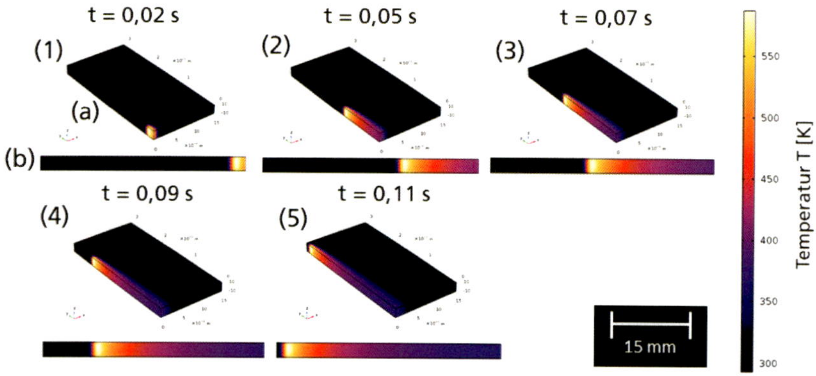

Bild 6-13: Temperaturverteilung im Schnittbereich in Folge der Absorption zu verschiedenen Zeitpunkten in einer ISO-Ansicht (a) und im Querschnitt (b)

Die 3D-Ansicht zeigt das zu schneidende PE-Material in fünf verschiedenen Zeitstufen (1-5). Als gewählte Ansicht wird die Schnittfuge mittig getrennt, so dass die Möglichkeit besteht, während des Schneidvorgangs in das Material hineinzuschauen. Dies geschieht einerseits durch eine isometrische Ansicht (a) und andererseits durch eine direkte Sicht auf den Spalt (b). Die gezeigte thermische Simulation berücksichtigt die eingestrahlte Laserstrahlung, die Strahlpropagation, temperaturunabhängige Kennwerte des PEs und die deponierte Streckenenergie, nicht aber die von der ausgetriebenen Schmelze abgeführte Wärme. Daher ist sie nur begrenzt aussagefähig, kann jedoch als Basis für die Analyse des Absorptionsvorgangs und der Propagation der Wärme, in die die Schnittfuge umgebenden Bereiche herangezogen werden. Ein Abgleich mit Thermografieaufnahmen bestätigt dies:

Bild 6-14: Thermographische Off-Axis-Aufnahme und thermische Simulation

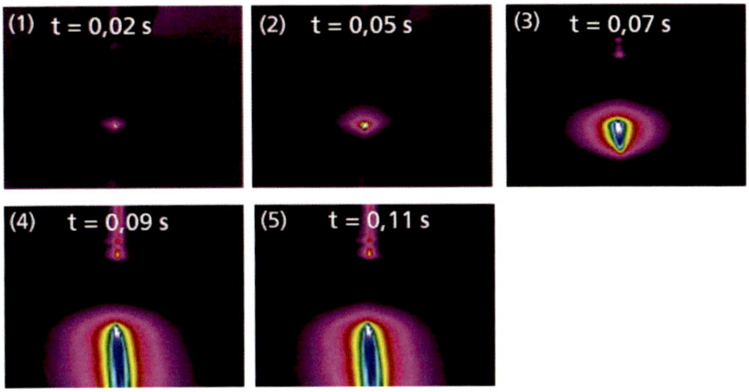

Dies gilt insbesondere für den zentralen Wechselwirkungsbereich, in dem noch Material vorhanden ist. Dort ist gut zu erkennen, wie im Bereich der sich bewegenden Wechselwirkungszone, zwischen der Laserstrahlung und dem PE-Material, die höchsten Temperaturen erreicht werden. Zudem ist gut die Wärmequelle im Volumen zu erkennen. Dies unterstützt die These der erhöhten Schmelzebildung bei einer Volumenabsorption. Erreichte Maximaltemperaturen liegen deutlich oberhalb des Zersetzungspunktes von PE (vgl. DSC, TGA in Kapitel 5.2). Wird jetzt der zeitliche Verlauf der Bildreihe betrachtet, so lässt sich die Wärmeleitung aus dem Schnittspalt in das angrenzende Material gut beobachten. Diese Wärme führt zu einem Aufschmelzen des Materials und damit zu einer Verringerung der Kantenqualität und zu einer Vergrößerung der Schnittfugenbreite. Wird nun die Vorschubgeschwindigkeit erhöht, wird dieser aufgeschmolzene Bereich des umgebenden Materials aufgrund der kürzeren Wechselwirkungszeit kleiner und führt so zu einer besseren Kantenqualität und einer Verringerung der Schnittspaltbreite. Die Wärmeeindringtiefe kann dadurch verringert werden. Wie bereits als Ergebnis aus den Versuchen an realen Proben herausgearbeitet, ist eine Skalierung der maximalen optischen Leistung zielführend, um durch höhere Vorschubgeschwindigkeiten bei gleicher Energiedeposition die Wechselwirkungszeit zu verringern und so die Schnittqualität zu erhöhen.

Die erzielten Schnittergebnisse sind stark abhängig von Absorption im Verhältnis zur Materialdicke. Nimmt die Dicke der Polymere zu, Größenordnung >500 µm, bei nur geringer Absorption müssen Einschränkungen bezüglich der Schnittqualität aufgrund von erhöhter Schmelzebildung toleriert werden. Dies kann übergreifend für alle Untersuchungen festgestellt werden. Aufgrund der dann dominierenden Volumenabsorption im Material basierend auf dem in den Grundlagen eingeführten Lambert-Beer Gesetz schmilzt das Material über die gesamte Dicke auf. Dies führt zu einem größeren Schmelzvolumen, als dies bei einer höheren Absorption und damit geringerer optischen Eindringtiefe der Fall wäre. Um ein ausreichende Energiedeposition zu gewährleisten, sind aufgrund der begrenzten zur Verfügung stehenden optischen Leistung, entsprechend geringe Vorschubgeschwindigkeiten möglich.

Das geschmolzene Material tritt nach unten aus und lagert sich als Bart an der Unterseite der Polymerfolie an. Aufgrund der begrenzten Maximalleistung der verwendeten Strahlquellen und der damit verbundenen geringen Vorschubgeschwindigkeit um ausreichend Energie zu deponieren, ist die Wechselwirkungszeit pro Weginkrement deutlich höher, was neben dem erhöhten Schmelzevolumen zum Aufschmelzen, des die Schnittfuge umgebenden Polymers durch Wärmeleitung führt. Daher ist der gewählte Ansatz, wellenlängenangepasste Laserstrahlquellen primär im Verpackungssektor, also bei dünnen Materialien, zum Schneiden zu verwenden, zielführend. Prozessbedingt ist die Effizienz des Schneidprozesses mit angepassten Dioden- und Faserlaserstrahlquellen begrenzt, da ein Teil der Strahlung immer durch das Polymer transmittiert und nicht absorbiert wird. Je nach Anwendung und Polymerdicke kann ein Bart, auch im Bereich von einigen 10 µm, toleriert werden, weil beispielsweise die spätere Funktion des Produktes dadurch nicht beeinflusst wird. Perspektivisch ist auch die Nutzung der gleichen Dioden- oder Faserlaserstrahlquelle für einen Schweiß- und anschließenden Schneidvorgang interessant, um eine hohe Flexibilität zu erreichen. Denkbar ist auch ein simultaner Prozess des Schneidens und Schweißens von Polymeren. Auf einen technologischen Ansatz, wie dies realisiert werden kann, wird in Kapitel 6.2 detaillierter eingegangen.

6.2 Reduzierung der Bearbeitungsstationen in der Prozesskette durch kombinierte Prozesse[9]

Die in Kapitel 2.2 eingeführte Prozesskette sieht eine konsekutive Bearbeitung der Polymerfolie vor. Dabei werden für jeden Schritt ein eigenes Werkzeug bzw. eine Bearbeitungsstation benötigt. So erfolgen das Verschweißen und anschließende Ausschneiden oder Stanzen nacheinander geschaltet. Eine interessante Fragestellung ist, ob sich durch den Einsatz

[9] Dieses Kapitel enthält Ergebnisse aus den Abschlussarbeiten: A2; A5; A12

von Lasertechnik und den betrachteten Verfahren Bearbeitungsstationen reduzieren lassen und zusätzlich ein Mehrwert durch eine höhere Geometriefreiheit geschaffen werden kann. Hierfür ist im nachfolgenden Bild 6-15 ein Konzept für eine flexible Verpackungszelle dargestellt:

Bild 6-15: Konzept für eine flexible Verpackungszelle

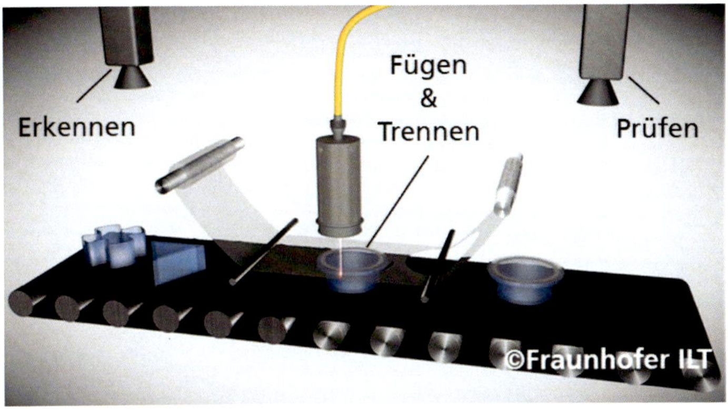

Gefüllte Becher eines beliebigen Formates werden über ein Laufband zugeführt. Über eine Kamera wird deren Außenkontur und Orientierung erfasst. Zudem kann bei Auswahl einer geeigneten Kamera der Bereich der späteren Schweißnaht auf Kontaminationen durch vorhergehende Abfüllprozesse geprüft werden. Von oben wird eine fortlaufende Deckelfolie zugeführt. Das zentrale Element stellt eine kombinierte Laserschweiß-Schneidoptik dar. Mit dieser kann in einem Prozessschnitt geschweißt und geschnitten werden. Der jetzt verschweißte Becher verlässt den Laserbearbeitungsbereich und wird auf Defekte mittels eines weiteren Kamerasystems im Schweißnahtbereich geprüft.

Wie in den Kapiteln zuvor dargestellt, ergeben sich aus dem laserbasierten Fügen und Trennen unterschiedliche Anforderungen an die Laserstrahlquellen und Fokussieroptiken. Während beim Laserdurchstrahlschweißen ein exakter Betrag für Energiedeposition gefordert ist und die Strahlqualität eher eine untergeordnete Rolle spielt, sind beim Laserstrahlschmelzschneiden möglichst hohe Intensitäten zum Verdampfen und Aufschmelzen des Polymers gewünscht. Zudem ist zum Austreiben der Schmelze aus der Schnittfuge ein Gasstrahl erforderlich. Bild 6-16 stellt ein Konzept vor bei dem zwei Laserstrahlquellen übereinander gelagert werden und durch eine gemeinsame Fokussierlinse, die sich in einer Schneiddüse befindet, fokussiert werden.

Bild 6-16: Prinzip und Raytracing Modell der simultanen Schneid-Schweißoptik [A2]

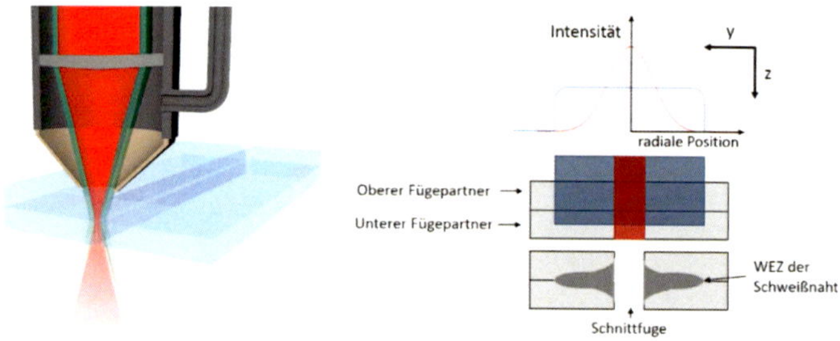

Idealerweise würde dann für den Schweißlaser eine Tophatverteilung und für den Schneidlaser eine Gaußverteilung gewählt werden. Dadurch würden die Polymerfolien in der Mitte aufgeschmolzen und in den Randbereichen verschweißt werden. Die Polymerfolie könnte so in dem gleichen Arbeitsgang getrennt und verschweißt werden. Wird dieses Konzept in eine Prototypenoptik überführt, so ergibt sich das in Bild 6-17 dargestellte Optikdesign.

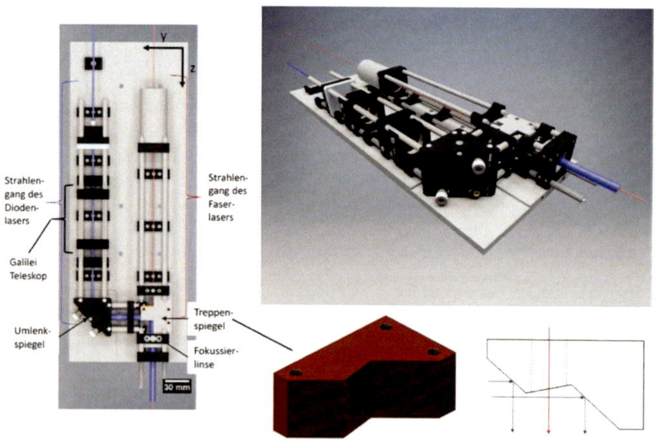

Bild 6-17: Aufgebauter Prototyp für eine Schneid-Schweiß-Optik unter gleichzeitiger Nutzung einer Dioden- und Faserlaserstrahlquelle (Blau und Rot); Rendering (l), Komponenten (m), aufgebautes System (r) [A2]

Dabei ist in den beiden linken Bildern der aus einer ZEMAX Raytracing Simulation abgeleitete CAD-Aufbau der Prototypenoptik gezeigt. Das rechte Bild hingegen zeigt den realen Aufbau und Einsatz in einer Laseranlage. Zentrales Element stellt ein Treppenspiegel dar, der die Überlagerung der beiden Laserstrahlverläufe ermöglicht. Dabei ist dieser derart gestaltet, dass der Strahlengang der Faserlaserstrahlquelle zentral ohne Beeinflussung durch eine Bohrung passieren kann, während der unter 45 Grad auftreffende Strahlengang der Diodenlaserstrahlquelle reflektiert wird. Für den innenliegenden Schneidlaserstrahl wird eine wellenlängenangepasste Faserlaserstrahlquellen mit 1940 nm und einer Strahlqualität von M^2= 1,05 verwendet, wodurch ein sehr kleiner Spot von 50 µm erreicht werden kann. Überlagert wird dieser Strahlengang durch einen ebenfalls wellenlängenangepassten Diodenlaser mit 1660 nm, der dann im Fokus einen Spotdurchmesser von 485 µm erreicht. Die Messung der Strahlkaustik erfolgt mit einem PRIMES FocusMonitor. Durch die unterschiedlichen Wellenlängen und damit einhergehenden Dispersionseffekten ergibt sich eine unterschiedliche Lage der Fokusse von 1,48 mm.

Erste Untersuchungen zeigen, dass ein gleichzeitiges Schweißen und Schneiden grundlegend möglich sind. Dabei zeigt sich, dass sich die Intensitäten der beiden Laserstrahlquelle in Teilbereichen überlagern können und sich somit beeinflussen. Aus Sicht der Schweißprozesse beschränkt sich dieser Effekt vor allem auf den inneren Kernbereich. Da dieser Bereich für die spätere Schweißnaht nicht von Relevanz ist, kann dies vernachlässigt werden. Zu berücksichtigen sind allerdings die Kanten der Schnittfuge, da die abfließende Schmelze zusätzliche Energie von der Außenseite auf die Schweißnaht einbringen kann. Für den Laserstrahlschneidprozess hingegen ist zu berücksichtigen, dass durch die Überlagerung mit dem im Durchmesser größeren Schweißlaserspot die wirkende Intensität sich im Bereich des Schneidlaserspots erhöht. Zusätzlich erhöht sich unter Berücksichtigung des Vorschubes des Gesamtsystems eine Erhöhung der Wechselwirkungszeit.

Werden laserbasiertes Schweißen und Schneiden zusammengeführt, ergeben sich neben der bereits betrachteten `Überlagerung der Intensitäten eine umfassende Anzahl von Parametern, die einen Einfluss auf den kombinierten Prozess haben. Hierzu wird das in Kapitel 4.1 eingeführte Diagramm zur Parameterübersicht um die Parameter des Laserstrahlschmelzschneidens ergänzt:

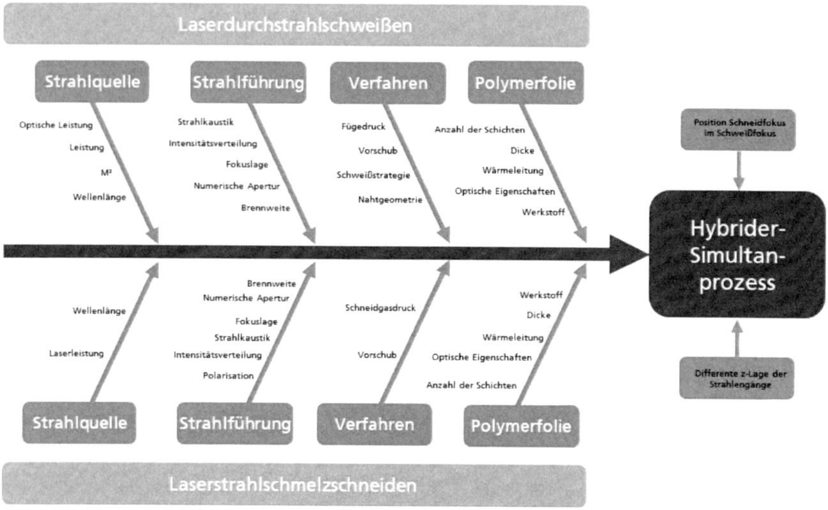

Bild 6-18: Übersicht identifizierter Prozessparameter für einen kombinierten Schweiß-Schneidprozess von mehrschichtigen Polymerfolien

Hinzu kommen bei dem Hybriden-Simultan-Prozess die beiden Parameter der Position des Schneidlasers zum Schweißlaser (X-Y-Koordinate) und die Lage der Foki (Z-Koordinate). Genauere Untersuchungen, um die Zusammenhänge und die gegenseitige Beeinflussung zu ermitteln, stellen einen derzeitigen Forschungsschwerpunkt dar.

6.3 Übertragung auf Rolle-zu-Rolle Anwendungen

Die bisherigen Betrachtungen in dieser Arbeit haben sich primär auf Sheet-to-Sheet Anwendungen konzentriert, da sie erstens einen häufigen Anwendungsfall für Produktionen mit einer hohen Formatflexibilität darstellen und zweitens für grundlegende Untersuchungen aufgrund des geringeren Materialeinsatzes besser eignen. Bei Rolle-zu-Rolle Prozessen hingegen wird das Material in Folienform auf einer Rolle zugeführt und als Folienbahn durch den gesamten Fertigungsprozess bewegt, ehe die Folie nach dem letzten Verfahrensschritt wieder aufgewickelt wird. Eine Vereinzelung der Bauteile erfolgt häufig erst nach der gesamten Fertigungskette. Rolle-zu-Rolle Prozesse eignen sich besonders, wenn höhere Ausbringungsmengen oder eine kontinuierliche Produktion angestrebt werden.

Als Faktoren können dann je nach Produkt sowohl die Folienbahnbreite oder auch die Geschwindigkeit der Folienbahn angepasst werden.

Bild 6-19: Beispiel für eine Rolle zu Rolle Anlage für die photonische Produktion von OPVs mit verschiedenen Laserstrahlquellen und Verkapselungsmodul (r)

An dem nachfolgenden Beispiel für einen Rolle-zu-Rolle Anlage zur photonischen Fertigung von OPVs (Bild 6-19) werden die Möglichkeiten dargestellt, wie ein Laserdurchstrahlschweißverfahren mit wellenlängenangepassten Strahlquellen technologisch integriert werden kann. Die Aufgabenstellung ist die Verkapselung einer zuvor produzierten OPV mit Ultrabarrierefolien. Entwicklungstechnisch setzen die nachfolgenden Betrachtungen die Untersuchungen aus Kapitel 4.4 fort. Im markierten Bereich wird auf die vollständig durch die Anlage verlaufende mehrschichtige Folie eine weitere mehrschichtige Folie aufgelegt und mittels Laserdurchstrahlschweißen verbunden. Auf diese Weise kann eine Verkapselung der hoch sensitiven OPV gegen die Atmosphäre erreicht werden. In den vorhergehenden photonischen Produktionsschritten werden ns- und UKP-Laserstrahlquellen für Abtrag- und Scribing-Prozesse eingesetzt, werden aber nachfolgend bei der Betrachtung vernachlässigt. Ein technologischer Ansatz leitet sich aus dem in Kapitel 2.3 vorgestellten Spaltschweißen ab. Dabei wird die Laserstrahlung in den Berührungsbereich der beiden Folien fokussiert und durch zwei nachgeschaltete Rollen der notwendige Fügedruck aufgebracht. Durch den Einsatz von fasergeführten Laserstrahlquellen besteht aber die Möglichkeit, die Laseroptik zu miniaturisieren und bei sehr geringem Bauraum zu montieren. Eine Freistrahlzuführung wie bei einem CO_2-Gaslaser ist nicht notwendig. Durch die Wahl der passenden Emissionswellenlänge, bezogen auf die in der mehrschichtigen Polymerfolie enthaltenen Polymerarten, kann auch nur eine gewünschte

Schicht im Gesamtverbund adressiert werden. Hierdurch lassen sich beispielsweise auch hoch empfindliche Ultrabarrierefolien verschweißen.

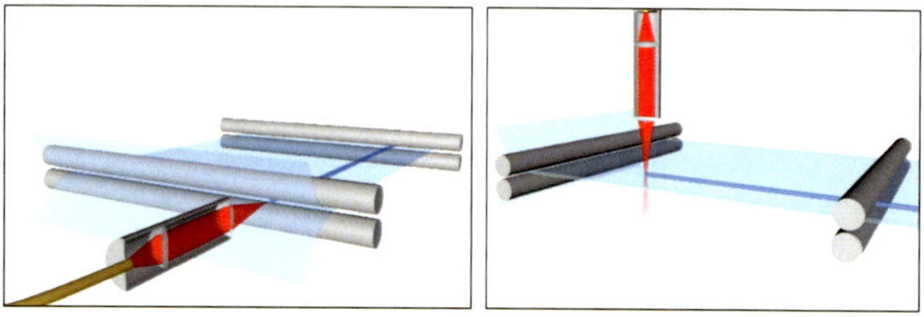

Bild 6-20: Spalt- und Überlappschweißen mit Laserstrahlquellen im Rolle-zu-Rolle Verfahren

Anstelle des Spaltschweißens kann auch ein Laserdurchstrahlschweißprozess im freien Verlaufsbereich, in dem die Folien übereinander positioniert sind, realisiert werden. Der notwendige Mindestfügedruck von 0,08 N/mm² (Kapitel 4.2.4) kann durch eine entsprechende Bahnspannung erreicht werden. Hierbei werden die Führungsrollen sowohl zueinander sowie paarweise in Maschinenrichtung bewegt, so dass die Polymerfolien über den gesamten Berührungsbereich in Berührung sind. Da, wie auch schon betrachtet, Polymere bei dem Aufschmelzen expandieren und weder eine kühlende Wirkung eines Andruckmaterials wirkt noch eine lokal wirkende Fügekraft vorhanden ist, sind die Nähte durch einen beidseitigen Schmelzeaustritt im Bereich der Schweißnaht gekennzeichnet. Um dies zu verhindern, eignet sich der Einsatz einer Globolaseroptik. Als Gegenlager für die pneumatisch angedrückte Globolaseroptik dient im betrachteten Fall eine Umlenkrolle der Anlage. Der Vorteil einer kugelbasierten Andrucklösung liegt gegenüber einer ebenfalls denkbaren Lösung mittels Glaswalze darin, dass neben fortlaufenden Längsnähten auch Quernähte möglich sind. Wie in Bild 6-21 gezeigt, kann dazu die Globolaseroptik auf eine CNC-Achse montiert werden, über die dann eine Positionierung erfolgen kann.

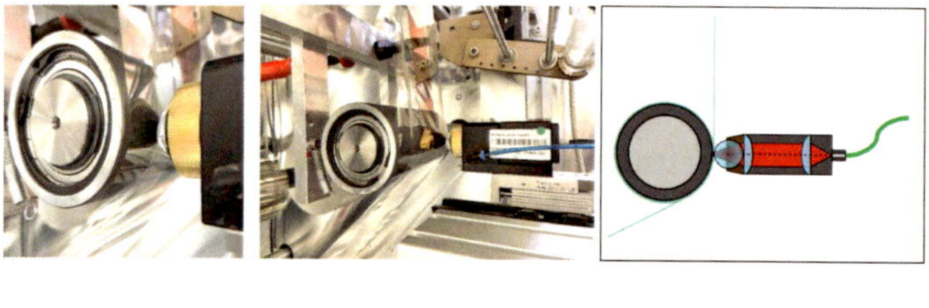

Bild 6-21: Erstmalige Nutzung eines globobasierten Systems mit angepasster Wellenlänge für Rolle-zu-Rolle Anwendungen

Die gezeigte Nutzung einer Globolaseroptik, stellt die erstmalige Verwendung einer Globolaseroptik für Rolle-zu-Rolle Anwendungen dar. Da bei der Globolaseroptik ein mechanisches Abrollen einer luftgelagerten Glaskugel erfolgt, eignet sich dieser technologische Ansatz im Vergleich zu den beiden zuvor dargestellten, primär für Folienbahngeschwindigkeiten von einigen m/min. Wird ein lokaler Andruck gewünscht und zudem eine sehr hohe Flexibilität in der Laserbearbeitung so kann eine Kombination aus Scannersystem zur Laserstrahlablenkung und eine Andruckglaswalze, die für die Laserstrahlung transparent ist, gewählt werden.

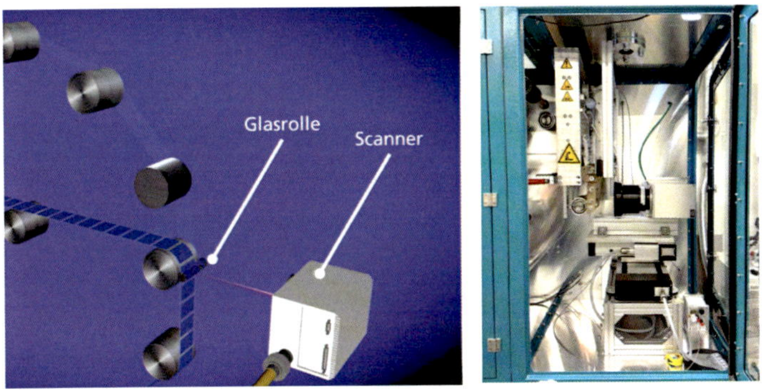

Bild 6-22: Integration eines Laserschweißprozesses für die Verkapselung von flexiblen OPV-Modulen in eine Rolle-zu-Rolle Anlage

Die Glaswalze dreht durch eine entsprechende Lagerung passiv mit. Eine Ablaufrolle bildet wieder das Gegenlager. Durch eine mechanische oder pneumatische Vorspannung kann so die Fügekraft auf die vorbeilaufenden Folien aufgebracht werden. Durch das Scannersystem kann eine Strahlablenkung von mehreren m/s realisiert werden. Abhängig von der Folienbahngeschwindigkeit kann beispielsweise ein gleichzeitiges Verschweißen an beiden Rändern sowie in benötigten Abständen eine Quernaht realisiert werden. Zudem können auch Objekte mit einer beliebigen Kontur wie z.B. Kleeblätter verschweißt werden. Nachfolgend ist beispielhaft eine Verschweißung zur Verkapselung einer OPV im Randbereich mit Globo- bzw. scannerbasierten Ansatz gezeigt.

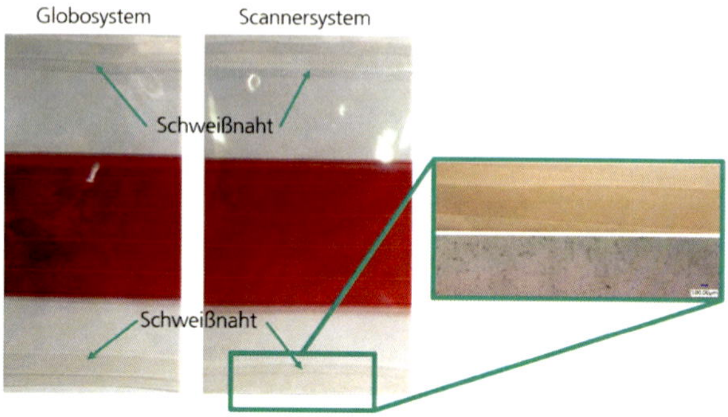

Bild 6-23: Ergebnisse einer Verkapselung im Rolle-zu-Rolle Verfahren

Sollen die Folienbahngeschwindigkeiten in einen Bereich von mehreren m/s erhöht werden, wird die Thematik der Mindestwechselwirkungszeit, die erforderlich ist, um eine erfolgreiche Verschweißung zu erhalten (vgl. Kapitel 5.2) von prozesslimitierender Bedeutung. Um diese Grenzen genauer zu spezifizieren, sind weitere reale Untersuchungen zwingend notwendig. Für die verwendeten Strahlquellen liegt die maximale optische Ausgangsleistung bei Betrachtung des Thulium Faserlasers bei 100 W bei 1940 nm. Im Laufe des Jahres 2020 gelang es, die Leistung auf 200 W zu verdoppeln [Ipg20]. Erste Prototypensysteme erreichen bereits 1 kW, so dass hier auch eine weitere Steigerung zu erwarten ist [Qpe20]. Zudem lohnt es sich, die zukünftigen Untersuchungen für die Mindestwechselwirkungszeit beim klassischen Durchstrahlschweißen durch den Einsatz von Multi-kW-Systemen zu verfolgen. Die dort geplanten Experimente untersuchen im Kern die notwendigen Bedingungen, die für eine Verschlaufung von Polymerketten zur Bildung von Schweißnähten erforderlich sind und lassen sich somit zu einem gewissen Maße auch auf Laserschweißprozesse mit angepassten Wellenlängen übertragen.

6.4 Prozessanalyse und -beobachtung[10]

6.4.1 Geeignete technologische Ansätze

Soll die Produktionsgeschwindigkeit durch eine Rolle-zu-Rolle Produktion erhöht werden, führen fehlerhafte Schweißverbindungen zu deutlich größeren Folgekosten durch einen höheren Materialverbrauch. Daher ist es in

[10] Dieses Kapitel enthält Ergebnisse aus den Abschlussarbeiten: A2; A3; A11; A13

diesem Fall von großer Bedeutung, Möglichkeiten zu prüfen, die eine dauerhafte Prozessbeobachtung und im besten Fall eine Prozessregelung ermöglichen. Zerstörende Verfahren wie Dünnschnitte oder Zugversuche liefern erst nach Beendigung des Prozesses Informationen über den Prozessverlauf und das Ergebnis. Zudem bilden sie einen vollständig statischen Zustand ab. Des Weiteren ist es nicht möglich, eine 100 %-Prüfung durchzuführen. Für eine zielgerichtete Prozessentwicklung ist es erforderlich, ebenfalls dynamische Prozesszustände miteinzubeziehen. Prozessbeobachtungstools erlauben eine solche dynamische Prozessanalyse. Der Laserdurchstrahlschweißprozess zeichnet sich durch eine berührungslose Energieeinbringung aus. Dadurch ist der Bereich der Wechselwirkungszone in vielen Fällen frei zugänglich und nicht durch ein Bearbeitungswerkzeug abgeschirmt, wie dies z.B. beim klassischen Heizelementschweißen der Fall ist. Daher eignen sich besonders optische Sensoren, um den Prozess zu beobachten und Informationen zu gewinnen. Je nach Spannkonzept und Polymerfolieneigenschaften sind unterschiedliche Sensoren nutzbar. Die zu beobachtenden Größen können beispielsweise Temperaturen, Schweißnahtbreiten und Nahtauffälligkeiten sein. Je nachdem welche Größe im Prozess beobachtet werden soll, finden verschiedene Sensorsysteme Anwendung. Grundlegend kann zwischen drei verschiedenen Phasen unterschieden werden, wann eine Prüfung möglich ist:

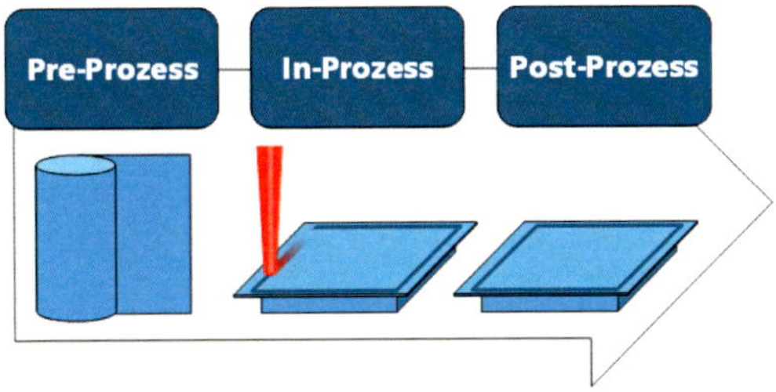

Bild 6-24: Aufteilung der Kontrollphasen für Messungen und Analysen

Wird das Bespiel einer flexiblen Verpackungszelle aus dem vorherigen Kapitel nochmals aufgegriffen, so stellt Pre-Prozesskontrolle die Analyse durch das Kamerasystem im Bereich der späteren Schweißnaht dar. Gebräuchlich ist auch, Polymerfolien vor ihrer Verwendung, beispielweise direkt schon bei Wareneingang, hinsichtlich ihrer optischen Eigenschaften zu prüfen. Während bei einer PRE – Prozess Analyse Bauteile oder Folien schon vorher aussortiert werden können, gelangen bei den Varianten der IN-Prozesskontrolle die Folien in den Laserprozess. Die In-Prozess Phase stellt dennoch die bedeutendste Phase dar, weil zum einen direkt Messwerte aus dem laufenden Prozess gewonnen werden und zum anderen auch ein aktives Eingreifen, eine Regelung stattfinden kann. Die Post-Prozesskontrolle stellen Analyseverfahren wie Dünnschnitte und Mikroskopie dar, wie sie auch im Rahmen dieser Arbeit in den vorherigen Kapiteln genutzt werden. Um die Möglichkeiten der Prozessbeobachtung zu untersuchen, werden drei verschieden Konzepte ausgewählt:

Bild 6-25: Untersuchte Off-Axis Konzepte zur Prozess-beobachtung, (1) Thermo-grafie, (2) CCD-Kamera mit Beleuch-tung, (3) Faser-spektrometer mit Lichtquelle

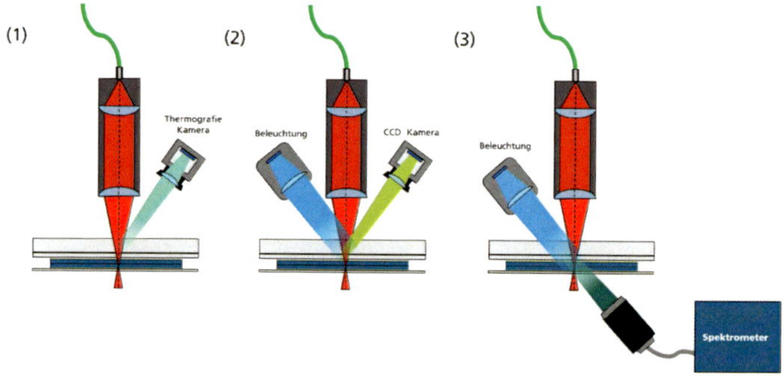

Untersucht wird der Einsatz einer kostengünstigen Thermografiekamera, einer CMOS-Kamera mit entsprechender Beleuchtung und der Nutzung eines Spektrometers kombiniert mit einer geeigneten Beleuchtungsquelle. Neben den drei hier ausgewählten Messverfahren ist durch weiterführende Arbeiten des Autors Brosda, M. et Al selbst, eine Vielzahl verschiedener Messsysteme, die zur Charakterisierung von Schweißnähten im Bereich des Laserdurchstrahlschweißens geeignet sind, anhand von repräsentativen Musterpolymersystemen ein Vergleich durchgeführt worden [Bro17]. Dazu sind zu den drei hier ausgewählten Verfahren noch Lock-In Thermografie, 3D-Computer Tomografie (3D-CT), Durchstrahlröntgen, Ultraschall, Terahertz Strahlung und Optische Coherence Tomografie (OCT). Für weitere Informationen sei an dieser Stelle auf [Bro15] verwiesen.

6.4.2 Thermografische Arraydetektoren

Im Bereich des Laserdurchstrahlschweißens von Polymeren sind einpixelige thermografische Strahlungssensoren, sogenannte Pyrometer, verbreitet und etabliert. Diese werden in die Bearbeitungslaseroptiken integriert und über dichroitische Spiegel in den Strahlengang des Bearbeitungslasers eingekoppelt. Das Pyrometer misst aus der Wechselwirkungszone und dem umliegenden erwärmten Polymer integrativ die emittierte Wärmestrahlung über die Fläche des Messfleckes. Für die Prozessanalytik steht daher nur ein gemittelter Wert zur Verfügung. Aussagen über den Temperaturverlauf können dadurch nicht gemacht werden. Messungen bei Laserstrahlquellen, die in einem Bereich von 1,5-2 µm emittieren, wie sie in dieser Arbeit betrachtet werden, sind technologisch anspruchsvoll, da es zu einer Überlagerung zwischen dem Messsignal und der Emission der Laserstrahlquelle kommt. Die Intensität der Emission der Laserstrahlquelle ist dabei um ein Vielfaches höher als die geringe Wärmeemission aus der Wechselwirkungszone. Als mögliche Lösungen untersuchten Mamuschkin et al. den Einsatz von Filtern zur Reduzierung der vom Pyrometer detektierten Laserstrahlung, die als Störsignal einzustufen ist [Mam16]. Passende Filter schwächen allerdings zusätzlich auch das gewünschte Messsignal ab, so dass nur eine eingeschränkte Aussagefähigkeit erreicht werden kann. Vielversprechender ist hingegen der ebenfalls durch Mamuschkin et al. verfolgte Ansatz, den Bearbeitungslaser im ms-Bereich zu pulsen anstelle des gebräuchlichen CW-Betriebes [Mam17]. In den Pulspausen, ohne laserseitige Emission, kann dann nur die Temperaturstrahlung aus dem Prozess gemessen werden. Bei der Auswahl eines passenden Verhältnisses zwischen Vorschubgeschwindigkeit und Pulslänge bildet sich eine gepulste Bearbeitung nicht in der Schweißnaht durch beispielsweise periodische Einschnürungen oder Defekte ab. Dies ist auf die im Vergleich zu Metallen deutlich schlechteren Wärmeleitungseigenschaften, wie auch in den Kapiteln zuvor erarbeitet, zurückzuführen. Die Wahl der geeigneten Pulslänge stellt derzeitig noch einen Gegenstand der Forschung dar.

Thermografische Arraydetektoren, Thermografiekameras, bestehen aus wärmestrahlungsempfindlichen Pixeln. Über die abgebildete Fläche können so mithilfe der einzelnen Pixel Temperaturverläufe dargestellt werden. Für Untersuchgen an der bekannten $PET_{12}PE_{90}$ Polymerfolie wird eine USB Thermografiekamera Optris PI160 mit einer Auflösung von 160x120 Pixel verwendet (Bild 6-26). Durch den Einsatz einer Thermografiekamera ist es möglich, auch die Abkühlbereiche und die Wärmespur hinter der eigentlichen Wechselwirkungszone zu beobachten. Wie auch schon in Kapitel 5.1.1 erarbeitet, ist die Länge der Wärmespur abhängig von der Vorschubgeschwindigkeit. Durch Auswertung der Wärmespur können wichtige Informationen z.B. über Temperaturhaltezeiten gewonnen werden oder auch Fehlerquellen identifiziert werden.

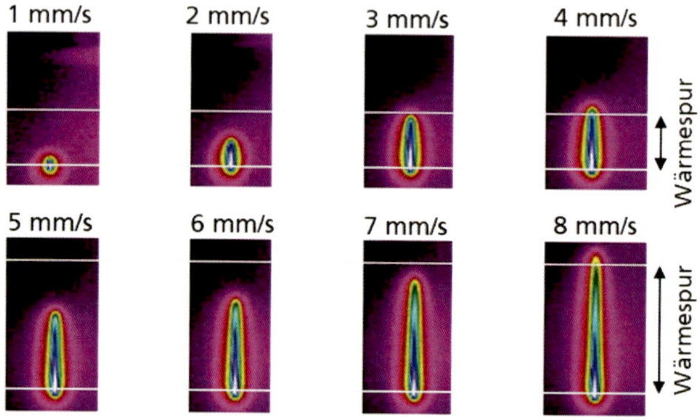

Bild 6-26: Messungen der Wärmespur für unterschiedliche Vorschubgeschwindigkeiten

Unregelmäßigkeiten in der Wärmespur können Hinweise auf Defekte oder mangelhafte Verschweißung geben. Wie detailliert eine Wärmespur betrachtet werden kann, hängt von der Auflösung des Detektors ab. Je höher die Auflösung des Detektors ist, desto teurer sind diese. Daher ist ein Abgleich zwischen typischen Defekten notwendig, deren Abmessungen und der damit notwendigen Auflösung, die für eine sichere Detektion erforderlich ist. Für weitere Informationen kann [Mes16] herangezogen werden. Über Messfenster, wie im Bild 6-26 dargestellt, lassen sich Bereiche automatisiert z.B. hinsichtlich ihrer maximalen Temperatur auswerten und z.B. auch als IST-Signal in Regelkreise einbinden.

6.4.3 Detektion der Nahtgeometrie mittels Flächenkamera

Bei visuell transparenten Polymerfolien mit nur geringen Streuanteilen besteht auch die Möglichkeit, IN-Prozess, während des Schweißprozesses, koaxial oder Off-Axis mittels Flächenkamera die Wechselwirkungszone sowie den Bereich der Erstarrung im Nachlauf zu betrachten. Hierfür müssen die Flächenkamera sowie die Optik entsprechend gewählt werden, um alle relevanten Bereiche mit ausreichender Auflösung abbilden zu können. Durch eine passende Beleuchtung kann so eine kontrastreiche Bildgebung erreicht werden. Zur Darstellung der Möglichkeiten der optischen Auswertung, wird abermals die $PET_{12}PE_{90}$ Polymerfolie mit einer Mikrotron EOSENS CL CMOS-Kamera bei 500 Hz mit einer Auflösung von 512x512 Pixel während des Laserdurchstrahlschweißprozesses beobachtet.

Bild 6-27: CMOS-Kamerabilder für unterschiedliche Vorschubgeschwindigkeiten und Laserleistungen

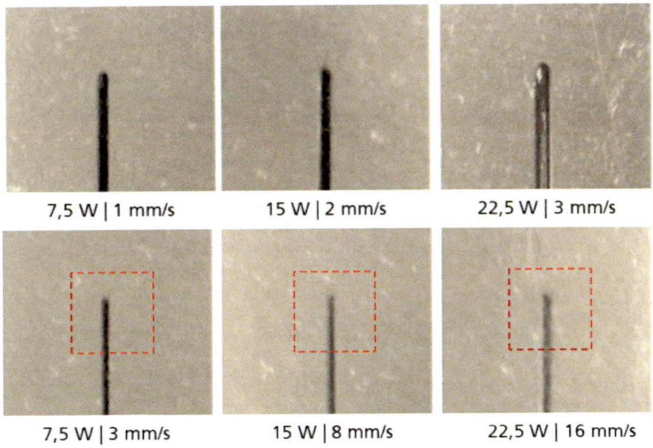

Deutlich zu erkennen ist, wie mit steigender Vorschubgeschwindigkeit bzw. optischer Leistung die Schweißnahtbreite abnimmt. Die Schweißnaht erscheint dabei glasklar und kann dennoch durch die entsprechende Halogenbeleuchtung gut und kontrastreich wahrgenommen werden. Wird bewusst der Prozessbereich in Richtung eines zu hohen Energieeintrages verlassen, so zeigen sich erste Defekte in der Naht durch eine Gasblasenbildung (Bild 6-28).

Bild 6-28: Möglichkeiten der Auswertung von Kamerabildern zur Detektion von Defekten

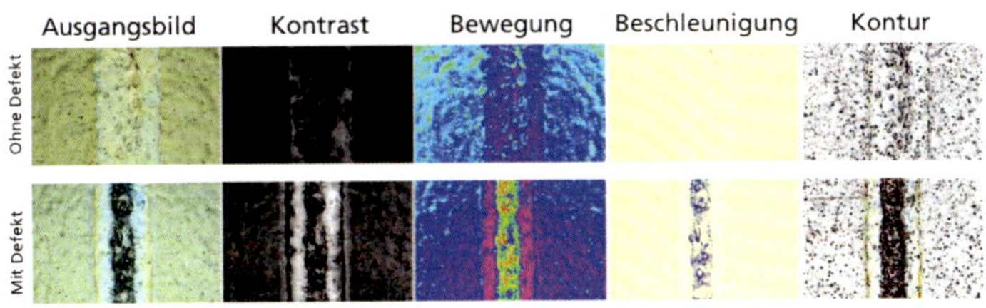

Passende Algorithmen können nachgeschaltet werden, um bestimmte Merkmale im Kamerabild auszuwerten. Dabei kann zunächst auch eine Bearbeitung des Kamerabildes durch Funktionen oder Filter erfolgen, um beispielsweise den Kontrast zu erhöhen [Kön18]. Für das aufgenommene Kamerabild werden exemplarisch eine Texturanalyse, eine Beschleunigungsanalyse, die die Entstehung und Bewegung der Gasblasen detektiert, sowie eine Auswertung von Graustufen durchgeführt. Wird das Kamerasystem inklusive Auswertung kontinuierlich während des Laserdurchstrahlschweißprozesses betrieben, ist es möglich, bei Defekten, Bereiche oder auch vollständige Bauteile als nicht in Ordnung (NIO) zu kennzeichnen. Zudem kann das System auch genutzt werden, um den gesetzlichen Vorschriften der Dokumentation bei der Medizinprodukteproduktion gerecht zu werden. Ein weiterer interessanter Aspekt ist, das dann vorhandene Kamerasystem auch für die Positionierung zu nutzen oder beispielsweise aufgedruckte Marker zu detektieren und die Schweißkontur abhängig von diesen auszurichten.

6.4.4 Zeitlich-spektrale Analyse des Brechungsindexes während des Prozesses

Ein bisher noch nicht untersuchter Ansatz ist die Nutzung eines faserbasierten Spektrometers und einer passenden Beleuchtungsquelle, um die Schweißnaht während des Prozesses zu analysieren. Dieses Messsystem beschränkt sich primär auf visuell transparente Polymerfolien. Polymere haben einen temperaturabhängigen Brechungsindex (siehe Bild 6 29 (r) für PET).

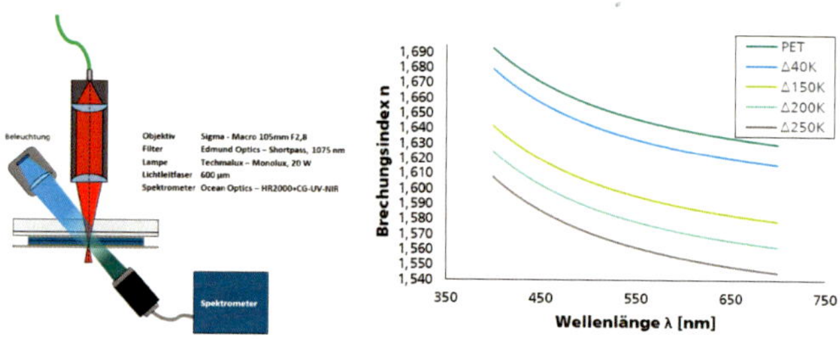

Bild 6-29: Messaufbau (l), Temperaturabhängigkeit des Brechungsindexes für PET (r) [A12]

Daraus lässt sich ableiten, dass sich durch den Aufschmelzvorgang der Brechungsindex ändert. Um diese Änderung beim Laserdurchstrahlschweißen zu erfassen und damit als Messgröße nutzbar zu machen wird ein geeigneter Messaufbau erstellt (siehe Bild 6-29 (l)). Der Messaufbau besteht aus einer breitbandig emittierenden Halogenlichtstrahlquelle sowie einem Objektiv auf der gegenüberliegenden Seite. Das Objektiv leitet das auftreffende Licht in eine Lichtleitfaser, die wiederum zum Spektrometer führt. Dort kann durch ein Gitterspektrometer eine simultane Auswertung der relativen Intensität über die Wellenlänge erfolgen. Zwischen dieser

Messanordnung wird die Polymerfolie eingebracht. Zur Selektion von gerichtetem Licht wird eine Blendenanordnung verwendet. Die für den Schweißprozess erforderliche Laserstrahlung wird so eingestrahlt, dass diese nicht direkt auf das Objektiv gelangen kann. Zum zusätzlichen Schutz des Spektrometers wird ein Filter vor dem Objektiv verwendet. Als Probe wird eine PET_{250} Polymerfolie in einer Überlappanordnung verwendet. Die Messanordnung ist bezogen auf die Wechselwirkungszone ortsfest und die Probe wird durch den Aufbau bewegt.

Bild 6-30: Intensitätsverläufe bei verschiedenen Zuständen [A12]

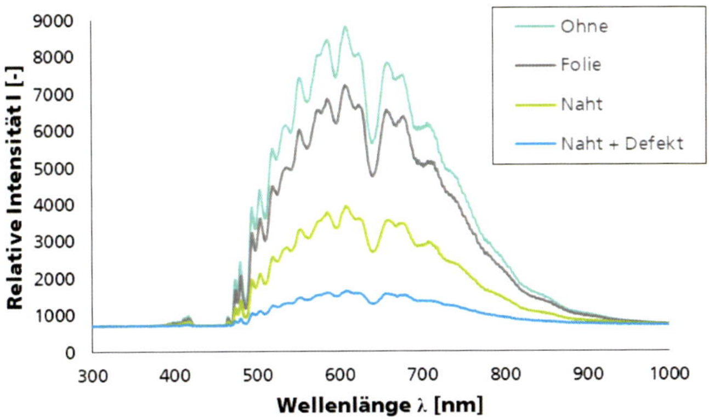

Wird die Messanordnung zunächst ohne Folie betrachtet, ist die relative Intensitätsverteilung der Halogenlampe zu identifizieren. Diese dient als Referenz für das Messsystem. Das Einführen des Folienstapels in die Versuchsanordnung zeigt eine Abschwächung des gesamten Verlaufes. Wird nun in einem Laserdurchstrahlschweißprozess das Spektrum beobachtet, so wird bei einer unter schweißtechnischen Bedingung als gut zu bezeichnenden Schweißnaht ohne Defekte oder Abweichungen, eine weitere Abschwächung ersichtlich. Wird bewusst die Prozessgrenze der Zersetzung des Polymers angefahren und werden so Defekte in der Naht erzeugt, wird dies ebenfalls im Spektrum sichtbar. Der Messaufbau ist somit grundlegend geeignet, zwischen unverschweißten Folien, verschweißten Folien, mit und ohne Defekte zu unterscheiden. Nach Ende des Schweißprozess bzw. im Nachlauf der eigentlichen Wechselwirkungszone kühlt die Polymerfolie wieder herunter. Inwieweit sich dies auf das Spektrum auswirkt, soll im Folgenden betrachtet werden:

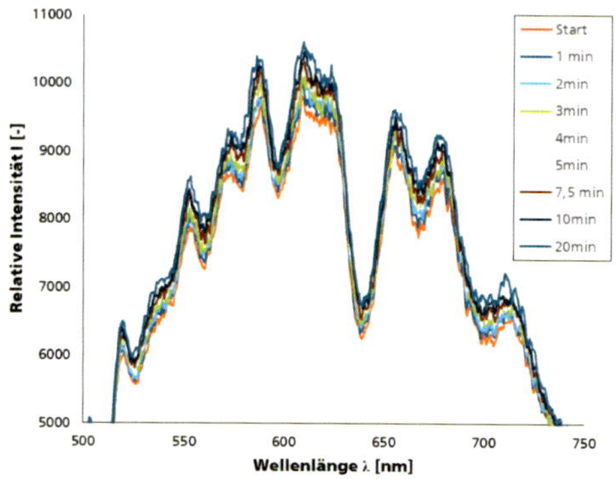

Bild 6-31: Einfluss des Abkühlvorgangs auf das gemessene Spektrum [A12]

Hierzu wird zunächst die Polymerfolie auf eine globale Oberflächenprozesstemperatur von 150 °C gebracht und dann über ein definiertes Zeitintervall abkühlen gelassen. Zu unterschiedlichen Zeitabständen werden dann Spektren geplottet. Zu erkennen ist, dass während des Abkühlens die relative Intensität sukzessive zunimmt. Dies deckt sich mit den Erwartungen aus der Temperaturabhängigkeit des Brechungsindexes. Deutlich wird auch, dass die Änderung über der Zeit im Vergleich zu einer spektralen Änderung bei einer defekten Naht in einem anderen Größenordnungsbereich liegt und damit eine denkbare Falschdetektion durch Abkühlung ausgeschlossen werden kann.

Die zuvor vorgestellten Werkzeuge und Detektoren können berührungslos Informationen über den Prozess während der Bearbeitung gewinnen. Diese Daten können bei der Prozessentwicklung und -beobachtung maßgeblich unterstützen. Liegen ausreichend Ergebnisse vor und ist die Zielgröße bekannt, ist es möglich, die Sensordaten in einen Regelkreis als Sollgröße einzubinden. Dabei können die Daten auch zuvor durch Filter oder Algorithmen angepasst werden, um Messeinflüsse zu kompensieren. Als Stellgröße kann dann z.B. die Laserleistung angepasst werden, um so einen Schweißprozess innerhalb eines Toleranzbereiches zu halten und so eine fehlerfreie Fügeverbindung zu gewährleisten.

7 Zusammenfassung und Fazit

Polymerfoliensysteme bestehen aus mehreren Schichten. Diese Schichten sind je nach Anwendungsbereich aus unterschiedlichen Polymertypen oder Nichtpolymeren gefertigt und haben eine spezifische Dicke. Wechselwirkungsvorgänge zwischen Laserstrahlung und dem gesamten Polymerfoliensystem können physikalisch daher durch Wechselwirkungsprozesse in den einzelnen Schichten dargestellt werden, die sich gegenseitig beeinflussen und in Summe dann die Wechselwirkung des gesamten Foliensystems beschreiben. Jede Schicht hat dabei polymer- und wellenlängenabhängige optische Eigenschaften, die das Absorptionsvermögen der einzelnen Schicht bestimmen. Durch die Auswahl einer geeigneten Laserwellenlänge können hierdurch einzelne Schichten im Gesamtpolymerfolienverbund selektiv adressiert und die Energiedeposition beeinflusst werden. Basierend auf den zunächst im Detail dargestellten physikalischen Wechselwirkungsprozessen kann anhand einer rudimentären Modellrechnung dieser Zusammenhang für drei marktübliche Polymerfoliensysteme berechnet und dargestellt werden. Anhand von experimentellen Untersuchungen zum Laserdurchstrahlschweißen an diversen marktüblichen Verpackungsfolien werden die zentralen Einflussparameter erarbeitet und deren Zusammenhänge dargestellt. Neben der Ausarbeitung, welche Kriterien zur Auswahl der geeigneten Bearbeitungswellenlänge herangezogen werden müssen, kann durch Festigkeitsanalysen gezeigt werden, dass nach DIN geforderte Festigkeiten erreicht werden können. Durch präzise Kontrolle des Energieeintrages in die Fügezone kann die zum definierten Öffnen einer Verpackung notwendige Peelkraft flexibel und bedarfsgerecht justiert werden. Untersuchungen zum Einfluss von nicht thermoplastischen Schichten im Folienverbund zeigen, wie sich Materialien typischer Schichten in Foliensystemen bezogen auf ihre Absorption von Laserstrahlung verhalten. Viele Materialen werden nur in einem geringen Maße von der Laserstrahlung beeinflusst, bei solchen, in denen es zu starken Wechselwirkungsprozessen kommt, können Erklärungsansätze und Nachweise erarbeitet werden. Auch für Foliensysteme, die für die Laserstrahlung intransparente Schichten wie z.B. aus Aluminium aufweisen, kann durch Generierung einer Wärmequelle in der Aluminiumschicht eine Schweißbarkeit gezeigt werden. Untersuchungen an Biopolymerfolien verdeutlichen das Potential des präzisen Energieeintrages auch in Folien, die den aus dem EU-weitem Verpackungsgesetz abgeleiteten Forderungen nach

Ressourcen- und Energieeffizienz gerecht werden. Die technischen Rahmenbedingungen, die für einen Schweißprozess erforderlich sind und wie diese den Prozess beeinflussen, werden durch Versuche zum Mindestfügedruck (0,08 N/mm²), zur Spaltüberbrückbarkeit und zum umgebenden Material aufgezeigt. So kann durch die Wahl der passenden Andruckmaterialien der Schweißprozess effizienter gestaltet werden. Für die Thematik eines Lagensprungs kann eine Verschweißung von bis zu fünf Lagen ohne Beschädigung der äußeren Foliensysteme nachgewiesen werden. Zur Identifizierung einer bedarfsgerechten Strahlformung werden durch Experimente die Zusammenhänge und die sich daraus ergebenden Konsequenzen dargestellt und diskutiert, unter welchen Voraussetzungen die einzelnen Konfigurationen zu wählen sind. An Ultrahochbarrierefoliensystemen werden die lokale Energiedeposition und die Expansion des Polymers durch Aufschmelzen und die sich dadurch ergebenden Kräfte auf die einzelnen Schichten untersucht. Hierbei kann gezeigt werden, dass durch die selektive, örtlich und zeitliche begrenzte Energiedeposition auch sehr komplexe und kraftsensitive Foliensysteme erfolgreich gefügt werden können. Die Aufstellung eines thermischen Simulationsmodells ermöglicht eine tiefgehende Untersuchung des Prozesses im Detail und innerhalb der Wechselwirkungszone aus beliebiger Beobachtungsrichtung. Die Verifikation des Simulationsmodells anhand von Dünnschnitten an Proben und Thermografie zeigt dabei eine gute quantitative Übereinstimmung. So können reale Prozesse, inklusive ihres individuellen Laseroptiksetups und ihrer Strahlpropagation, realitätsnah im Simulationsmodell abgebildet werden. Ein simulativer Vergleich des laserbasierten Ansatzes zum konventionellen Heizelementschweißen zeigt grafisch die Unterschiede der Energiedeposition. Sichtbar wird die präzise und selektiv in einer Folienlage induzierte Wärmequelle innerhalb des Gesamtfoliensystems und kein Durchwärmen mit einer Wärmepropagation von den äußeren Schichten in den Fügebereich, wie dies beim Heizelementschweißen technologisch realisiert ist. Die übergeordnete Fragestellung der Mindestwechselwirkungszeiten, die für die Bildung einer Schweißnaht, dem Verschlaufen der Polymerketten erforderlich sind, wird durch TGA, DSC, Flash DSC und Rheometermessungen in Kombination mit Thermografie beantwortet. Experimentell können in dieser Arbeit anhand der betrachteten $PET_{12}PE_{90}$ Folie 40-50 ms als Mindesthaltezeit ermittelt werden. Als thermisches Bewertungskriterium kann ein Wert oberhalb der rheometrisch ermittelten Temperatur für den Klebebeginn nachgewiesen werden.

Perspektivisch erfolgt eine Prüfung des technologischen Ansatzes der wellenlängenangepassten Laserbearbeitung zum Trennen von Polymerfolien.

Hierzu wird die Energiedeposition so weit erhöht, dass die Polymerfolie vollständig aufgeschmolzen bzw. verdampft wird und die Schmelze mit einem Prozessgas aus der Schnittfuge ausgeblasen werden kann. Hierbei zeigt sich eine große Abhängigkeit von der Absorption des Polymers. Eine hohe Absorption führt zu besseren Schnittergebnissen durch eine eher in Richtung Oberfläche orientierte Absorption, als dies bei einer geringen Absorption und damit verbunden vollständigen Volumenabsorption der Fall ist. Der direkte Vergleich mit dem klassischen etablierten, aber nicht fasergängigen, CO_2-Gaslaser bestätigt dies. Eine durchgeführte thermische Simulation auf Basis des bereits für das Schweißen eingesetzten Modells und Thermografieaufnahmen während des Schneidprozesses verdeutlichen, eine zum Teil ausgeprägte thermische Beeinflussung der Randbereiche, die abhängig von den gewählten Laserwellenlänge in Relation zu den in der Polymerfolie enthaltenen Polymertypen ist. Dem Potential Produktionsprozesse für die Polymerfolienbearbeitung durch Reduzierung von Bearbeitungsstationen zu optimieren, wird durch einen kombinierten laserbasierten, simultanen Schweiß-Schneid-Prozess Rechnung getragen. Anhand von ersten Vorversuchen wird an dem vorgestellten Konzept die grundlegende Funktion nachgewiesen. Insbesondere die nicht geometriegebundene Bearbeitung eröffnet im Sinne der Industrie 4.0 zahlreiche Anwendungsszenarien.

Eine konsequente Übertragung in industrielle Produktionsprozesse stellen häufig Anforderungen an hohe Ausbringungsmengen und kontinuierliche Prozesse. Rolle-zu-Rolle Umsetzungen sind eine zielführende Lösung dieser Anforderungen. Zur Übertragung des betrachteten Laserdurchstrahlschweißens werden verschiedene technische Konzepte erarbeitet und erläutert. Die reale Umsetzbarkeit wird anhand einer Rolle-zu-Rolle Anlage zur photonischen Fertigung von OPVs für den Verkapselungsprozess demonstriert und nachgewiesen. Um den Schweißprozess IN-Prozess zu beobachten und zu analysieren, werden drei Integrationsmöglichkeiten untersucht. Während durch die Übertragung etablierter zielführender Flächen- und Thermografiekameras auf den Anwendungsfall ein Funktionsnachweis erfolgen kann, wird mit der spektralen Analyse des temperaturabhängigen Brechungsindexes ein neuartiges Messverfahren eingeführt. Experimentelle Untersuchungen verdeutlichen die Möglichkeit, zuverlässig auch Defekte in Schweißnähten zu detektieren.

Fazit und Einordnung

Eine deutliche Steigerung der Präzision, durch exakte Fokussierung in die Fügeebene und damit einer Reduzierung der Schweißnahtbreite um den Faktor 0,5 zu den bisherigen Verfahren konnte gezeigt werden. Ebenso konnte die Selektivität durch eine gezielte Absorption in einzelnen Schichten durch den Einsatz von wellenlängenangepassten Laserstrahlquellen dargestellt und nachgewiesen werden. Die Wechselwirkungsprozesse zwischen Laserstrahlung und mehrschichtigen Polymerfoliensystem konnten im Sinne der aufgestellten Forschungshypothese sowohl anhand einer rudimentären physikalischen Modellrechnung demonstriert sowie anhand von experimentellen Untersuchungen und durch ein thermisches Simulationsmodell genauer untersucht werden. Wird das im Rahmen dieser Arbeit untersuchte laserbasierte Bearbeitungsverfahren in die derzeit auf dem Markt verfügbaren Verfahren zum Fügen von mehrschichtigen Polymerfolien eingeordnet, steht jetzt ein technologischer Ansatz zur Verfügung, der das Potential besitzt, bisher ungelösten Problemstellungen, wie die Reduzierung der Anzahl der Schichten Lösungen gegenüberzustellen. Notwendige spezielle Siegelschichten oder bei niedrigen Temperaturen schmelzende Schichten, wie sie zwingend beim Heizelementschweißen benötigt werden, können somit perspektivisch entfallen. Den deutlich höheren Kosten für laserbasierten Fügetechnologien, besonders im Vergleich zum Heizelementschweißen, stehen eine hohe Formatflexibilität und eine präzise Energiedeponierung gegenüber. Insbesondere die numerisch anpassbare Schweißkontur bietet hier gegenüber dem Ultraschallschweißen eine Flexibilität in der Wahl des Schweißnahtverlaufes und durch die optische Zugänglichkeit Möglichkeiten der Prozessüberwachung und Dokumentation. Das laserbasierte Fügen von mehrschichtigen Polymerfolien ist nach dem derzeitigen Stand primär für Applikationen, die entweder eine hohe Qualität der Schweißnaht erfordern oder bei stark individualisierten Produkten. Diese Kriterien sind im Medizintechnikbereich oder bei der Verkapselung, mit sich immer ändernden Schweißkonturen, sowie in der Prototypenfertigung erfüllt. Sollen neben dem Fügen Polymerfolien auch mit wellenlängenangepassten Laserstrahlquellen getrennt werden und sind dabei hochwertige Schnittergebnisse gefordert, sind die Anwendungen derzeitig durch die Verfügbarkeit von nur bestimmten Emissionswellenlängen limitiert. Hier liegt das Keyfeature nicht in der Qualität des Schnittes, sondern in der Option, einen simultanen Schneid-Schweißprozess mit hoher Konturflexibilität zu realisieren. Hierdurch besteht die Möglichkeit, Bearbeitungsstationen in der Prozesskette zu reduzieren.

8 Ausblick

Zukünftig sind vor allem Anwendungen interessant, bei denen eine maximale Formatflexibilität gefordert ist oder eine exakt definierter Energieeintrag nötig ist. Hierdurch besteht Potential, auch bisher mit konventionellen Verfahren aufgrund von thermischer Sensitivität nicht verschweißbare Polymere miteinander zu verbinden. Erste Ergebnisse lassen diesen Schluss zu. Auf diese Weise könnten neuartige Foliensysteme entwickelt werden, die dem Bedarf nach Ressourcenschonung gerecht werden können.

Weiterführende Arbeiten sollten sich folgenden Kernthemen widmen:

1. Verbesserung des thermischen Simulationsmodells
2. Höhere Laserleistungen für eine Skalierung
3. Neue Wellenlängen zur Erhöhung der Selektivität

Das erstellte thermische Simulationsmodell eignet sich zur Analyse des Energiedepositionsvorgangs, sollte aber hinsichtlich des Wärmeübertragungswiderstand verbessert werden. Um zukünftig auch Temperaturbereiche der Zersetzung detaillierter untersuchen zu können, muss der Wärmeübertragungswiderstand genauer bestimmt werden. Hierfür sind keine Literaturwerte verfügbar, da diese unter anderem von der Oberflächenbeschaffenheit der Polymerfolie abhängen und sich somit von Anwendungsfall zu Anwendungsfall ändern. Demzufolge sollten zwingend notwendig Iterationsschritte durchgeführt werden, um sich dem Wärmeübertragungswiderstand anzunähern.

Um die untersuchten Laserprozesse bezogen auf Vorschubgeschwindigkeit und Größe der Bearbeitungsfläche zu skalieren, sind zwingend höhere Laserleistungen erforderlich. Neben der Mindestwechselwirkungszeit, die durch eine passende Strahlformung verkürzt werden kann, stellt die verfügbare optische Laserleistung eine Limitierung für die Prozessskalierung dar. Für die innerhalb der Arbeit verwendeten Strahlquellen liegt die maximale optische Ausgangsleistung bei 100W bzw. 120 W je nach Wellenlänge. Im Laufe des Jahres 2020 gelang es IPG die optische Ausgangsleistung von 100 W auf 200 W zu verdoppeln [Ipg20]. Erste Prototypensysteme der Firma Q-Peak erreichen bereits 1 kW, so dass hier perspektivisch eine weitere Steigerung der optischen Laserleistung und damit auch höhere Prozessgeschwindigkeiten zu erwarten sind [Qpe20]. Mit diesen leistungsstarken Laserstrahlquellen sollte dann zukünftig weiter gezielt an der Integration in Rolle-zu-Rolle Anlagen geforscht werden.

Die in dieser Arbeit eingesetzten Laserstrahlquellen verfügen über fest definierte Emissionswellenlängen. Demgegenüber stehen die polymertypen abhängigen intrinsischen Absorptionspeaks. Für einen selektiven oder auch effizienten Fügeprozess müsste dann für jedes Polymer bzw. für jede Fügeaufgabe eine eigene abgestimmte Strahlquelle entwickelt werden. Dieser kosten- und entwicklungsintensive Ansatz wird beispielsweise für Polymere mit einem hohen Marktanteil wie für PET mit dem in dieser Arbeit eingesetzten Diodenlaser bei 1664 nm oder für PE mit einem Faserlaser bei 1700 nm verfolgt. Für viele andere Polymertypen müssen allerdings Kompromisse eingegangen werden. Wirkt sich dies bei polymeren Monomaterialien nur auf die Effizienz des Prozesses aus, kann bei mehrschichtigen Polymerfolien, je nach Foliendesign, eine selektive Adressierung einzelner Schichten nicht mehr realisiert werden. Laserkonzepte mit optisch parametrischen Oszillatoren (OPO) bieten die Möglichkeit, spektral durchstimmbare Laserstrahlquellen aufzubauen. Auf diese Weise kann dann neben der Leistung und dem Vorschub die Wellenlänge als weiterer Prozessparameter angepasst werden. Dadurch kann eine individuelle Abstimmung exakt auf den intrinsischen Absorptionspeak des jeweiligen Polymers erfolgen. Für Schneidvorgänge kann so eine hohe oberflächennahe Absorption erzielt werden. Beim Prozess des Laserdurchstrahlschweißens von mehrschichtigen Foliensystemen aus unterschiedlichen Polymeren können dann einzelne Schichten über ihre intrinsischen Absorptionspeaks durch eine Änderung der Bearbeitungslaserwellenlänge beliebig adressiert werden. OPO-Laserstrahlquellen sind bisher nur mit prozesstechnisch nicht relevanten optischen Leistungen von wenigen Watt verfügbar. Eine Weiterentwicklung hin zu höheren optischen Leistungen ist von elementarer Bedeutung und sollte forciert werden. Denn aufbauend auf den Erkenntnissen dieser Arbeit, können mit einer OPO-Laserstrahlquelle weitreichende neue Anwendungsfelder erschlossen werden.

9 Anhang

9.1 Übersicht untersuchte Polymerfolien

Bild 9-1: Übersicht der in den experimentellen Untersuchungen eingesetzten Polymerfolien [A8]

Folie	Bezeichnung	Dicke [µm]
1	PS_{coex}	800
2	PS / EVOH / PS	500/500 (1000)
3	PP	1000
4	AL / $HSL_{(Deckel.)}$	48 (38)
5	PET / AL / PE	12/9/60 (75)
6	PA / PE	30/50 (75)
7	APET	310
8	BOPP / EVOH / PE	30/60 (90)
9	AL / $HSL_{(endl.)}$	38
10	BOPET	12
11	PA	30
12	BOPP	30
13	OPP	30
14	BOPET / EVOH / PE_{peel}	12/50 (65)
15	BOPET / EVOH / PE	12/50
16	$BOPET_{met}$ / PP_{cast}	7/40 (47)
17	$BOPET_{met}$ / BOPP/PE_{copo}	4,8/40/5 (47)
18	$BOPET_{SiOx}$ / PE	6/75 (83)

9.2 Einordnung benötigter Peelkräfte

Neben der zuvor erläuterten Grundfunktion, dem Schutz des Produktes, müssen Verpackungen zunehmend auch werbewirksam und repräsentativ gestaltet sein [Buc99]. Gerade im Lifestyle-Bereich ist häufig das Aussehen des verpackten Produktes von wirtschaftlicher Bedeutung. Ein Kunde wird von einer auffällig designten Verpackung eher angesprochen. Hierbei kann es aber zu einem Zielkonflikt zwischen der technischen Realisierbarkeit der zu verschließenden Verpackung und den marketingtechnischen Ansprüchen kommen, da aufwendig gestaltete Produktverpackungen auch ein hohes Maß an technischem Aufwand zum Handhaben und Verschließen benötigen. Ein weiterer Aspekt, den Verpackungen zu erfüllen haben ist die Wirkung auf den Verbraucher hinsichtlich der Sicherheit und der Robustheit. Beispielweise sollte eine Verpackung im sensiblen Lebensmittelbereich einem Verbraucher auch z.B. durch breite Siegelnähte suggerieren, dass die dort verpackte Ware auch entsprechend geschützt und demzufolge noch genießbar ist [Buc99].

Zudem muss eine einfache Bedienung einer Verpackung gewährleistet sein. Idealerweise sollte dem Bediener intuitiv klar sein, wie eine Verpackung zu öffnen ist [Ivl11]. Nur so kann auch ein entsprechend positives Öffnungsergebnis gemäß der vorgesehenen Konstruktion erzielt werden. Beispiel für eine falsche Bedienung ist, das Abreißen einer Öffnungslasche an einer Folienverpackung und der daraus folgenden Zerstörung des Öffnungsmechanismus. Zur Verbesserung der intuitiven Kommunikation mit der Verpackung können beispielsweise Pfeile oder gestrichelte Linien auf die Verpackung aufgebracht werden, die dem Verbraucher Informationen zum Öffnen geben. Neben der richtigen Vorgehensweise zum Öffnen einer Verpackung muss aber auch durch die Dimensionierung und Gestaltung der Siegelnaht gewährleistet sein, dass ein Zielverbraucher des Produktes auch in der Lage ist, die nötigen Kräfte aufzubringen, um die Verpackung mit der Hand zu öffnen. Insbesondere Kinder und ältere Menschen verfügen über kleinere Kräfte in den Händen. Verpackungen für sie müssen dies in ihrer Konstruktionsweise entsprechend berücksichtigen. Das Fraunhofer IVV Dresden hat zur Ermittlung der zur Verfügung stehenden Peelkräfte der einzelnen Personengruppen eine Testvorrichtung entwickelt [Ivl11]. Tabelle 6 gibt einen Überblick über die zu berücksichtigen Kräften.

Tabelle 6: Überblick der erreichbaren Peelkräfte [Ivl11]

Gruppe	Kräfte
Kinder	4 N
Erwachsene	17 N
Ältere Menschen	11 N

Trotz der Zielsetzung eines komfortablen Öffnens, müssen die Siegelverbindungen dennoch ausreichend dimensioniert sein, damit auch transportübliche Belastungen wie Stöße, Druckänderungen etc. ohne ein Versagen der Siegelnaht überstanden werden [Buc99]. Entsprechende peelbare Verbindungen werden technisch z.B. durch amorphe Co-Polyester-Heißsiegelschichten realisiert [Hos23].

9.3 Abschätzung höherer Vorschubgeschwindigkeiten

Wie in den Versuchen gezeigt, hat die Fokuslage einen bedeutenden Einfluss auf die Schweißnahtbreite. Die Fokuslage muss sich über das Achssystem ausreichend genau justieren lassen, damit beispielsweise bei einer Folienkombination von 40 µm gewährleistet ist, dass die Fokuslage genau und reproduzierbar eingestellt werden kann. Da bei den verschweißbaren Verbindungen in rund 80 % der Folienkombinationen eine Laserwellenlänge von 1,7 µm verwendet wird, empfiehlt sich der Einsatz eines Diodenlasermoduls mit dieser Wellenlänge. Dadurch kann eine große Anzahl auch branchenüblicher Folienkombinationen geschweißt werden. Um höhere Vorschubgeschwindigkeiten als im Rahmen dieser Arbeit (50 – 4000 mm/min) zu erreichen und so die Prozesszeit zu verkürzen, muss ein Diodenlasermodul mit einer höheren Ausgangsleistung (>25 W) eingesetzt werden. Mit den in den Versuchen berechneten Streckenergien lässt sich die mögliche Vorschubgeschwindigkeit bei Einsatz eines stärkeren Diodenlasermoduls durch Umstellung der Gleichung für die Streckenenergie abschätzen. Die Vorschubgeschwindigkeit kann nur grob abgeschätzt werden, da die Relation zwischen schnellerer Einbringung der Energie und der Wärmeabfuhr in zukünftigen Versuchen noch untersucht werden muss. Bei Einsatz eines 100 W Diodenlasermodul lässt sich z.B. für die Folienkombination 10 (artgleiche BOPP/EVOH/PE Verbindung) wie folgt abschätzen:

9.1
$$v = \frac{P}{E_s} = \frac{100\,W}{1{,}032\,\frac{J}{mm}} = 5813{,}9\,\frac{mm}{min}$$

Die Untersuchungen zum Einfluss des Fügedrucks zeigen, dass bei den zwei untersuchten Folienkombinationen über einen weiten Andruckbereich nur minimale Veränderungen der maximalen Peelkraft erkennbar sind. Erst ab einem Fügedruck von etwa 0,01 N/mm² sinkt die maximale Peelkraft deutlich ab. Zu beachten ist, dass mit abnehmendem Fügedruck sich das optische Erscheinungsbild der Schweißnaht verändert. Hier muss abgeschätzt werden, inwieweit dies für den Verpackungsbereich vertretbar ist. Zudem muss geprüft werden, ob beispielsweise ein Schmelzeaustrieb Auswirkungen auf die Dichtigkeit hat.

9.4 UV-VIS Messungen an Polymerfolien für Laserschneidversuche

In Bild 9-2 dargestellt. Die Emissionswellenlängen der verfügbaren wellenlängenangepassten Strahlquellen sind ebenfalls markiert. Die Messergebnisse der Polymere für den IR-Bereich um 10 µm sind im Anhang zu finden.

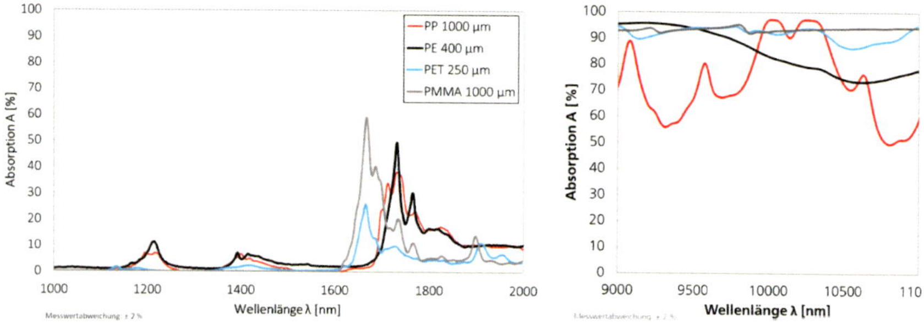

Bild 9-2: Absorption der untersuchten Materialien im nahen Infrarotbereich (1000-2000 nm) und im fernen Infrarotbereich (9000 – 11000 nm) gemessen mit einem UV-VIS bzw. FTIR-Spektrometer

Deutlich erkennbar ist der materialabhängige Verlauf der Absorption. Die Mehrzahl der untersuchten Polymere weist einen Peak im Bereich von 1650 - 1750 nm auf. Im Bereich um 1940 nm verläuft der Wert der Absorption eher konstant, allerdings auf einem niedrigeren Niveau als in den Peakspitzen.

9.5 FSC-Analyse

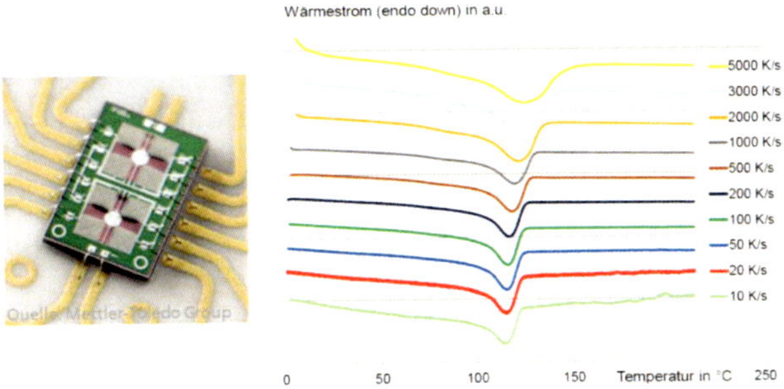

Bild 9-3: FSC-Charakterisierung der eingesetzten PET12PE90 Polymerfolie [Aif19; lvl19]

9.6 REM-Aufnahmen zur Analyse der Barriereschichten

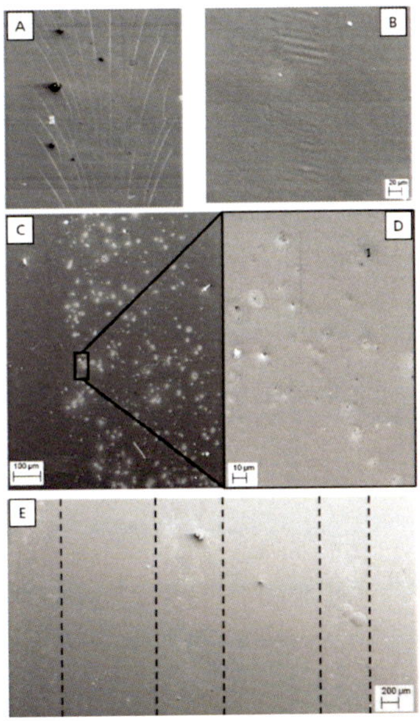

Bild 9-4: REM-Oberflächenprüfung von Ultrahochbarrierefolien nach Laserverkapselung [A10]

9.7 Eingesetzte Messgeräte und Normen

9.7.1 Spektrale Analyse

Die optischen Eigenschaften der ausgewählten Polymere wurden mit einem UV/VIS/NIR-Spektrometer Lambda 1050 von Perkin Elmer Inc. aus Waltham, Massachusetts, bestimmt. Messungen der Spaltbreite und Gratgröße werden mit einem Digitalmikroskop der Keyence Corporation, Osaka, Japan (Modell VHX 900F) durchgeführt.

9.7.2 Zugversuche

Um die Festigkeitswerte der geschweißten Folienverbindungen zu ermitteln, werden Zugversuche an einer Zugprüfanlage der Firma Zwick (ZI 100) durchgeführt. Im Rahmen dieser Arbeit werden zwei verschiedene Zugprüfnormen angewendet. Zum einen wird nach der Norm DIN EN ISO 527-1 geprüft, die speziell für Zugversuche an Kunststoffen konzipiert ist. In dieser wird insbesondere die größere Dehnung von Kunststoffen im Vergleich zu Metallen berücksichtigt. Bei den Zugversuchen im Rahmen dieser Arbeit werden Proben mit einer Breite von 25 mm verwendet. Nachfolgendes Bild zeigt die Einspannweise der Probe nach Norm DIN EN ISO 527-1:

Bild 9-5: Zugversuch nach DIN EN ISO 527-1

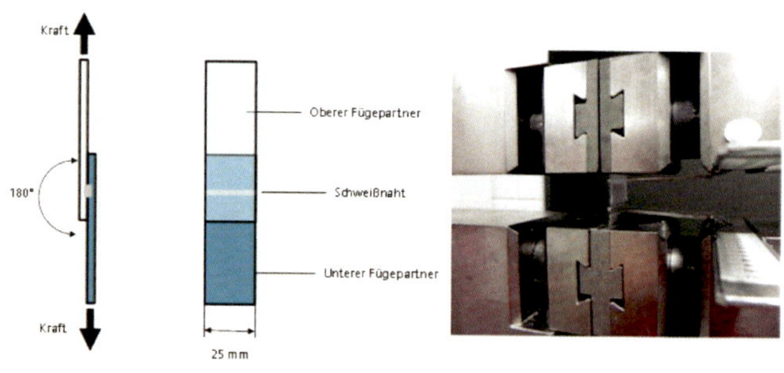

Der Abzugswinkel zwischen den Wirkungsrichtungen der Zugkräfte beträgt 180 Grad. Die Zugprüfgeschwindigkeit beträgt 50 mm/min.

Als weitere Zugprüfung wird ein sogenannter T-Peeltest nach DIN 55529 durchgeführt. Der T-Peeltest ist besonders im Bereich der Verpackungstechnik etabliert, weil er das Messen von Kräften ermöglicht, wie sie beim Öffnen einer Verpackung entstehen. Die ermittelte maximale Peelkraft wird dabei in der Einheit N/15 mm angegeben.

Bild 9-6: Zugversuch nach DIN 55529

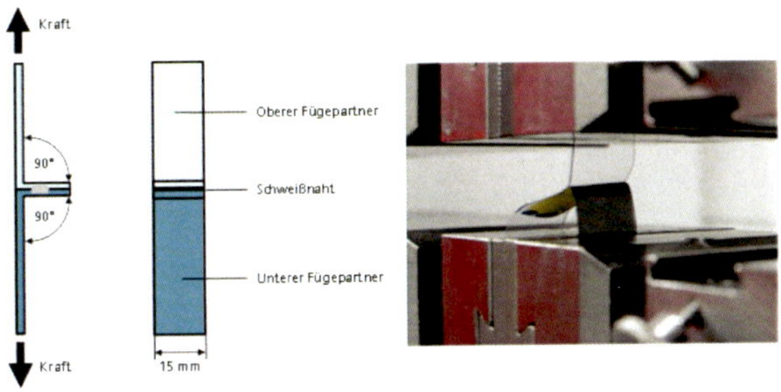

Die 15 mm breiten Proben werden so eingespannt, dass sich eine T-Anordnung ergibt. Zwischen der Schweißnahtebene und der Zugrichtung ist ein Abzugswinkel von 90 Grad, daher wird dieser Zugversuch auch als T-Peeltest. bezeichnet. Im Falle der Verbindung einer dünnen Folie mit einem dickeren Bauteil mit entsprechend höherer Biegesteifigkeit, ist auch ein Abzugswinkel von 180 Grad zulässig. Über den gesamten Prüfvorgang wird mit einer Zugprüfgeschwindigkeit von 100 mm/min geprüft.

Bei den Zugversuchen an Kunststofffolien, wird bei beiden verwendeten Zugnormen mit einer verkürzten Einspannlänge von 20 mm gearbeitet, um die bei Kunststofffolien auftretende Dehnung zu minimieren. Dadurch kann zum einen die Prüfungszeit deutlich verkürzt und zum anderen die Taillierung des Einschnürungsbereiches verkleinert werden. Anhand einer erhöhten Einspannlänge von 40 mm werden diese Vorteile verdeutlicht:

Bild 9-7: Dehnung bei dem Zugversuch an einer Kunststofffolie mit erhöhter Einspannlänge [A8]

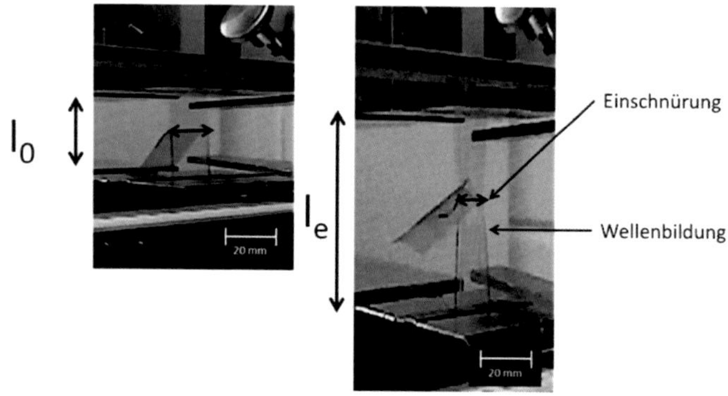

Die eingespannte Kunststofffolienverbindung wird nach DIN 55529 hinsichtlich ihrer maximalen Peelkraft geprüft. Dabei gibt l_0 die Einspannlänge zu Beginn der Prüfung und l_e die Einspannlänge nach Versagen der Schweißnaht an. Zu erkennen ist die starke Dehnung der Kunststofffolie. Dies führt zu einer Einschnürung im mittleren Bereich. Die Schweißnaht wird nicht mehr auf der gesamten Breite gleichmäßig belastet, da in den äußeren Bereichen eine höhere Zugkraft wirkt. In der Nähe des Schweißnahtbereiches ist eine Wellenbildung bedingt durch die Einschnürung festzustellen. Eine kürzere Einspannlänge minimiert diese Effekte deutlich.

10 Literaturverzeichnis

[Ade09] Aden, M., Roesner, A., Olowinsky, A., Optical Characterization of Polycarbonate: Influence of Additives on Optical Properties, Wiley InterScience, 2009

[Adn10] Aden, M., Roesner, A. and Olowinsky, A. (2010), Optical characterization of polycarbonate: Influence of additives on optical properties. J. Polym. Sci. B Polym. Phys., 48: 451-455, 2010

[Adn14] Mirko Aden, Viktor Mamuschkin, Alexander Olowinsky, Influence of carbon black and indium tin oxide absorber particles on laser transmission welding,Optics & Laser Technology, Volume 69, Pages 87-91, 2015

[Adn16] Aden, M., Influence of the Laser-Baem Distribution on the Seam Dimensions for Laser-Transmission Welding: A Simulative Approach, Laser Manufacturing, Springer Science+Business Media New York, 2016

[Aif19] Jänchen, R., Brosda, M. Aif Abschlussbericht, Durchstrahlfügen, IGF-Vorhaben 19458 mit Fkz 19458 BG, Dresden, 2019

[Anl12] Angebot nlight, 1,7 µm Diodenlasermodul mit 100 W Ausgangsleistung, November 2012

[Bac02] Laser Welding of Polymers Using High Power Diode Lasers von Friedrich Bachmann (Rofin-Sinar Laser) und Ulrich A. Russek (Fraunhofer-Institut für Lasertechnik), vorgetragen auf der Photonics West 2002 Conference in San Jose, CA, USA, publiziert in Proc. SPIE Vol. 4637B, 2002

[Bac15] Bach, S., Sealing – Tool Design and Finite-Element-Process Simulation, 15th TAPPI European PLACE Conference, 2015

[Bay23] Bayer AG, Vorsicht Arzneimittelfälschung, 11. August 2023, abgerufen am 23. September 2023 unter: https://www.bayer.com/de/gesundheit/vorsicht-faelschung

[Beh18] Behr, A., Seidensticker, T. Kunststoffe aus der Natur. In: Einführung in die Chemie nachwachsender Rohstoffe. Springer Spektrum, Berlin, Heidelberg, 2018

[Bog13] Boglea, A, Laser Transmission Welding of Thermoplastics Using Local Laser Beam Modulation, Dissertation, RWTH Aachen, Juni 2013

[Bog15] Bogdan Voisiat, D. Gaponov, P. Gečys, L. Lavoute, M. Silva, et al. (Hg.), Material processing with ultra-short pulse lasers working in 2um wavelength range. SPIE LASE. San Francisco, 2015

[Brm18] Brosda, M., Nguyen, P., Olowinsky, A., Gillner, A., Laserwelding of biopolymers, Procedia CIRP, Volume 74, Pages 548-552, 2018

[Brm21] Brosda, M., Nguyen, P., Olowinsky, A., Gillner, A., Investigations on the influence of the material selection of the clamping device during laser transmission welding of multilayer polymer films with wavelength-adapted laser beam sources, Laser in Manufacturing Conference Proceeding, 2021

[Bro12] Brown, N. et al., Non-contact laser sealing of thin polyester food packaging films Optics and Lasers in Engineering; Volume 50, Issue 10, Pages 1466-1473, October 2012

[Bro13] Brosda, M., Lasersealing für Folienverpackungen, Masterarbeit, FH Aachen, Lehrstuhl für Lasertechnik RWTH Aachen, Fraunhofer-Institut für Lasertechnik ILT, Betreuende Professoren: Prof. Gebhardt, Prof. Poprawe, 2013

[Bro15] Brosda, M., Mamuschkin, V., Olowinsky, A. (2015) Laserwelding of transparent polymer films, Proceedings LiM 2015, Munich, Germany, 2015

[Bro16] Brosda, M., Olowinksy, A., Pelzer, A., Laserencapsulation of organic electronis with adapted diode lasers in flexible production processes, LANE Conference, 2016

[Bro17 Brosda, M., Der Blick ins Kunststoffbauteil - Zerstörungsfreie Prüfverfahren für Kunststoffschweißnähte; IKV Fachtagung zur Fügetechnik von Kunststoffen, 09. – 10.05 2016, Aachen 2016

[Bro18] Brosda, M; Nguyen1, Quach, Olowinsky and Gillner: Laser cutting of polymers with adapted NIR diode- and fiber laser systems, Proceedings LPM2018, The 19th International Symposium on Laser Precision Microfabrication, Edinburgh Conference Centre, Heriot-Watt University, Edinburgh, UK, June 2018

[Buc99] Buchner, N.: Verpackung von Lebensmitteln, 1.Auflage, Springer Verlag, 1999

[Bug10] Bugnicourt, E.; Schmid, M.; Nerney, O. M.; Wild, F.: WHEYLAYER: Die Barriere-Beschichtung der Zukunft, in: Coating International, Vol. 43 (11), 2010

[Bur01] Burrows, P. E., & et al. Gas Permeation and Lifetime test on polymer-based barrier coatings. Proceedings of SPIE Vol. 4105, 2001

[Cai05] Caiazzo, F.; Curcio, F., Laser cutting of different polymeric plastics (PE, PP and PC) by a CO2 laser beam. In: Journal of Materials Processing Technology 159, N. 3, S. 279–285, 2005

[Cer23] Ceresana eK, O. Putsch; Marktstudie Biokunststoff-Folien – Welt;1.Auflage, July 2023

[Cha96] Chatham, H., Oxygen diffusion barrier properties of transparent oxide coatings on polymeric substrates. Surface and Coatings Technology (76), 1996

[Che04] Chen J-W-U, Thielen C, Globo-Welding – Ein innovatives Konzept für das 3D-Laserfügen von Thermoplasten im Durchstrahlverfahren, Laser Technik Journal, Seite 35–38, Oktober 2004

[Cho10] CHOUDHURY, I. A.; SHIRLEY, S.: Laser cutting of polymeric materials: An experimental investigation. In: Optics & Laser Technology 42, N. 3, S. 503–508, 2010

[Cin16] Cinelli P, Schmid M, Bugnicourt E, Coltelli MB, Lazzeri A. Recyclability of PET/WPI/PE Multilayer Films by Removal of Whey Protein Isolate-Based Coatings with Enzymatic Detergents. Materials (Basel), 2016

[Coe00] Coelho J P, Abrea M A, Pires M C, 'High speed laser welding of plastic films', Optics and Lasers in Engineering. V34, pp385-395, Oct-Dec 2000

[Dav08] DAVIM, J. P.; BARRICAS, N.; CONCEIÇÃO, M.; OLIVEIRA, C.: Some experimental studies on CO2 laser cutting quality of polymeric materials. In: Journal of Materials Processing Technology 198, 1-3, S. 99–104, 2008

[Dec02] Decker, W., & Henry, B. M, Basic Principles of Thin Film Barrier Coatings, Proc. of 45th Ann, Tech. Conf, Society of Vacuum Coaters, (S. 492-502), 2002

[Dev11] Devrient, M., Frick, T., Schmidt, M., Laser transmission welding of optical transparent thermoplastics, Physics Procedia, Vol. 12 (Part A), 2011

[Dev12] Devrient, M., Da, X., Frick, T., Schmidt, M., (2012) Experimental and simulative investigations of laser transmission welding under consideration of scattering, Proceedings LANE Conference 2012

[Din02] DIN EN ISO 9013:2003-07, Thermisches Schneiden – Einteilung thermischer Schnitte – Geometrische Produktspezifikation und Qualität (ISO 9013:2002); Deutsche Fassung, 2003

[Din03] Deutsches Institut für Normung: DIN EN ISO 9013:2003-07 Thermisches Schneiden – Einteilung thermischer Schnitte – Geometrische Produktspezifikation und Qualität (ISO 9013:2002); Berlin, 2003

[Din11] Deutsches Institut für Normung: DIN 55529, Verpackung – Bestimmung der Siegelnahtfestigkeit, Berlin, 2011

[Din12] Deutsches Institut für Normung: DIN EN 527-1, Kunststoffe – Bestimmung der Zugeigenschaften, Berlin, 2012

[Dom98] Dominghaus, H.: Die Kunststoffe und ihre Eigenschaften, 5. Auflage, Springer Verlag, 1998

[Dvs07] DVS-Taschenbuch: DVS-merkblätter und –Richtlinien, 12. Auflage DVS Verlag, 2008

[Ehr04] Ehrenstein, Gottfried: Handbuch Kunststoff-Verbindungstechnik, Hanser Verlag, 2004

[End09] Endres, H.-J.; Siebert-Raths, A.: Technische Biopolymere Rahmenbedingungen, Marktsituation, Herstellung, Aufbau und Eigenschaften, München: Carl Hanser Verlag, 2009

[End11] Endres, H.-J.; Siebert-Raths, A.: Engineering Biopolymers Markets, Manufacturing, Properties and Applications, München: Carl Hanser Verlag, 2011

[Fal08] Fahlteich, J., Fahland, M., Schönberger, W., & Schiller, N., Permeation barrier properties of thin oxide films on flexible polymer substrates. Thin Solid Films 517, S. 3075-3080, 2008

[Fal10] Fahlteich, J., Transparente Hochbarriereschichten auf flexiblen Substraten. Dissertation. Chemnitz, Sachsen, Bundesrepublik Deutschland: Technische Universität Chemnitz, 2010

[Fep13] Dr. John Fahlteich, Fraunhofer FEP, Presseinformation, Funktionsfolien für Displays der Zukunft, www.fep.fraunhofer.de, 16. Mai 2013

[Fes24] Fespa, Personalisierte Verpackung neu gedacht – Personalisation Experience 2024; Neue-Verpackungen.de, Februar 2024, abgerufen 07.07.2024

[Fhg10] Fraunhofer Magazin: Mit Laserlicht in die grüne Zukunft. Umweltfreundliche Fertigungstechnologien für Elektroautos, 2010

[Fhg10] Fraunhofer Magazin: Mit Laserlicht in die grüne Zukunft. Umweltfreundliche Fertigungstechnologien für Elektroautos, 2010

[Gil09] Gillner, A. Laser in der Kunststofftechnik, Beuth Verlag, Deutschland p. 31-ff, 2009

[Gue17] Guerra A.; de Ciurana J., Fibre laser cutting of polymer tubes for stents manufacturing. Manufacturing Engineering Society International Conference. Vigo, Spain, 2017

[Haa98] Haas, K. H., Amber-Schwaab, S., Rose, K., & Schottner, G., Functionalized coatings based on inorganic-organic polymers (ORMOCERs) and their combination with vapor deposited inorganic thin films. Surface and Coatings Technology 111, S. 72-79, 1998

[Hän01] Hänsch, Dirk, Dissertation: Die optischen Eigenschaften von Polymeren und ihre Bedeutung für das Durchstrahlschweißen mit Diodenlasern, RWTH Aachen, 2001

[Han02] Hanika, M., Langowski, H.-C., & Moosheimer, U., Layer Defects and the Synergetic Effect Between Inorganic and Organic Barrier Layers. In S. o. coaters (Ed.), 45th Annual Technical Conference Proceedings, (pp. 519-524), 2002

[Has23] Datenblatt Hastaphan RPSP PL, Transparente easy peel Polyesterfolie, Mitsubishi Polyester Film GmbH, 2023

[Hhi12] Fraunhofer-Heinrich Hertz Institute: Surface – Emitting DFB Laser Array, Berlin, 2012

[Hoe18] Hördemann, C., Partikelfreier Abtrag von Schichtsystemen für Feststoffbatterien mittels Ultrakurzpuls-Laserbearbeitung; Dissertation, 1. Auflage, RWTH Aachen 2018

[Hom24] Homburg Verpackungstechnik; Heizbänder zum Verschweißen und Trennschweißen; www.homburg-verpackungstechnik.de/bauelemente-zubehoer/heizbaender.html; Gelsenkirchen; Deutschland; abgerufen 07.07.2024

[Hsv81] Eidgenössische Materialprüfungs- und Forschungsanstalt St. Gallen, CH: Heißsiegelverhalten von Verpackungsfolien, Verpackungs-Rundschau, Band 32, 1981

[Hsw21] Hopmann, C., Entwicklung eines Hochgeschwindigkeits-Laserschweißverfahrens für das Fügen von Kunststoffen (High Speed Weld), DFG Projekt, Institut für Kunststoffverarbeitung (IKV), Fraunhofer-Institut für Lasertechnik ILT, 2021

[Ikv10] Hoffmann, Wolf-Martin: Laserdurchstrahlschweißen unpigmentierter Kunststoffe, IKV-Berichte aus der Kunststoffverarbeitung, Band 192, Aachen, 2010

[Ilt01] Fraunhofer ILT: Abschlussbericht: Neue Anwendungspotentiale der Lasertechnik in der Verpackungsindustrie, Aachen, 2001

[Ipg20] IPG Photonics Corporation, Datenblatt TLM 200, Thulium CW Fiber Laser Module abgerufen am 23. September 2023 unter https://www.ipgphotonics.com/en/171/FileAttachment/TLM-200+Datasheet.pdf

[Isc10] ISC Jahresbericht 2009 Fraunhofer-Institut für Silicatforschung ISC, Würzburg, S.46ff, 2010

[Ish90] A. Ishimaru, Wave propagation and scattering in random media and rough surfaces, in Proceedings of the IEEE, vol. 79, no. 10, pp. 1359-1366, Oktober 1991

[Ish91] Ishimaru, A., Wave Propagation and Scattering in Ransom Media and Rough Surfaces, Invited Paper, Proceedings of the IEEE Vol. 79 October 1991

[Ivl11] Fraunhofer AVV: Guideline für die Gestaltung von peelbaren Verpackungen unter dem Gesichtspunkt „Easy Opening“, IVLV, Fraunhofer AVV, Merkblatt No. 106/2011, 2011

[Ivl19] Jänchen, R., Brosda, M., Merkblätter für die Herstellung von Verpackungen, Industrievereinigung für Lebensmitteltechnologie und Verpackung e.V., Merkblatt Nr.116/2019, Dresden, 2019

[Jän14] Jänchen,R., Brosda, M., Mit Licht – flexibel und dicht, Laserdurchstrahlsiegeln von Verpackungsfolien, PACKREPORT Nr. 03, Seite 046 bis 049 / Verpackungsmaschinen, 14.03.2014

[Jon02] I. Jones, Laser welding for plastic components; Assembly Automation vol. 22, no.2, 2002

[Jon94] Jones I A and Taylor N S: 'High speed welding of plastics using lasers', ANTEC '94 conference proceedings, San Francisco, USA, 1994

[Kim05] Kim, H. T.; Oh, S. C.: Kinetics of Thermal Degradation of Waste Polypropylene and High-Density Polyethylene. Journal of Industrial and Engineering Chemistry 5, S. 648-656, 2005

[Kir14] Kirchheim, D., Hopmann, C., Dahlmann, R., Bahroun, K., & Behm, H. Dehnungseigenschaften von mehrlagigen PECVD Barrierebeschichtungen auf PET Folien. Journal of Plastics Technology, 10(4), 2014

[Kle01] Klein, H. M.: Laserschweißen von Kunststoffen in der Mikrotechnik. Dissertation, RWTH Aachen 2001

[Kle07] Klein, H.: Laserschweißen transparenter und farbiger Kunststoffe, Laserjournal, 09.2007

[Kle12] Klein, R. Laserwelding of Plastics, WILEY-VCH, 2012

[Kna22] Karl Knauer KG, Packaging Trends 2022– Verpackungen der Zukunft, www.karlknauer.de, abgerufen 07.07.2024

[Kor17] Korak, B., 3 Gründe, warum die Verpackung als Marke immer wichtiger wird, Lead Innovation, abgerufen am 22. September 2023 unter: www.lead-innovation.com/insights/blog/verpackung-als-marke , 2017

[Kvi12] Gesamtverband Kunststoffverarbeitende Industrie e.V.: Branchen Kennzahlen Kunststoffverarbeitung, 2012

[Lan03] Langowski, H. C., Flexible Barrier Materials for Technical Applications. Society of Vacuum Coaters (Annual Technical Conference) 46, (pp. 559-565). San Francisco, California, USA, 2003

[Lan06] Langowski, H.-C.: Anwendung der Nanotechnologie in Materialien für den Lebensmittelkontakt Artikel auf www.bfr.bund.de; 28.03.2006; abgerufen 07.07.2024

[Lau24] Matthias Laux, Verpackungstrends 2024, Was wirklich wichtig wird! Und was gar nicht mehr geht; Packreport; Februar 2024

[Lei04] Jie Wei Chen, Leister Technologies AG, Method and apparatus for heating plastics by means of laser beams, Patent, US7223315B2, 2004

[Lew06] Lewis, J., Material challenge for flexible organic devices. Materials today Volume 9 Number 4, S. 38-45, 2006

[Log08] Logothetidis, S., Flexible organic electronic devices: Materials, process and applications. Materials Science and Engineering B 152, S. 96-104, 2008

[Mam13] V. Mamuschkin, A. Roesner, M. Aden, Laser Transmission Welding of White Thermoplastics with Adapted Wavelengths, Physics Procedia, Volume 41, Pages 172-179, 2013

[Mam17] Viktor Mamuschkin, Andre Haeusler, Christoph Engelmann, Alexander Olowinsky, Hubert Aehling; Enabling pyrometry in absorber-free laser transmission welding through pulsed irradiation. J. Laser Appl. 1 May 2017

[Mam20] Mamuschkin, V., Laserdurchstrahlschweißen transparenter Thermoplaste ohne Strahlungsabsorber; 1. Auflage, RWTH Aachen University, Dissertation, 2021

[Mat12] Matthes, K.-J., & Schneider, W., Schweißtechnik - Schweißen von metallischen Konstruktionswerkstoffen, Carl Hanser Verlag GmbH & Co. KG. 2012

[Men09] Menges, G.: Werkstoffkunde Kunststoffe, Hanser Verlag, München, 1990

[Mpg20] Gesetz zur Anpassung des Medizinprodukterechts an die Verordnung (EU) 2017/745 und die Verordnung (EU) 2017/746 (Medizinprodukte-EU-Anpassungsgesetz – MPEUAnpG) Bundesgesetzblatt Jahrgang 2020 Teil I Nr. 23, ausgegeben zu Bonn am 22. Mai 2020

[Mux16] A, Muxel, Touchdown am Touchpoint, Lebensmittel-Industrie Nr. 1/2 2016; Seite 16+17, 2016

[Nen06] Nentwig, J., Kunststofffolien, 3.Auflage, Carl Hanser Verlag, 2006

[Neu08] Neukum, J., New semiconductor-laser-wavelengths for plastic welding, Laser Technik Journal N. 4, P. 33–36, 2008

[Ngy18] Nguyen, P., Brosda, M., Localised modifications inside polycarbonate and polyethylene terephthalate by using ultra short laser pulses for microwelding applications, Journal of Laser Micro/Nanoengineering, JLMN-18-024, 2018

[Ngy18] Nguyen, P, Behrens, S., Brosda, M., Olowinsky, A., Gillner, A., Laser Transmission Welding of Absorber-Free Semi-Crystal Polypropylene by Using a Quasi-Simultaneous Irradiation Strategy, IIW Conference, Bali Nusa Dua Convention Center, 2018

[Ngy23] Nguyen, Phong, Laserdurchstrahlschweißen von transparenten Kunststoffen mit Thulium-Faserlaserstrahlung, Dissertation, RWTH Aachen University, 2023

[Olo08] Olowinsky, A., Boglea, A., & Roesner, A., Laserdurchstrahlschweissen von Thermoplasten, Lasertechnik Journal (4), 2008

[Oss01] Osswald, G., Die Bedeutung der Verpackung für ein erfolgreiches Branding: Theoretische Grundlagen, empirische Erkenntnisse, sozial-technische Empfehlungen - Taschenbuch – 25. September 2001

[Pkt05] Kremser, Klaus: Prozessoptimierung durch Thermografie beim Kunststoffsiegeln, Magazin für Schweißtechnik, Band 57, 2005

[Pls05] Poprawe, Reinhart: Lasertechnik für die Fertigung, 1.Auflage, Springer Verlag, 2005

[Pol09] Polster, S.: Laserdurchstrahlschweißen transparenter Polymerbauteile. Friedrich-Alexander-Universität Erlangen-Nürnberg, Dissertation, 2009

[Pol12] Fahlteich, J., Fraunhofer Polymer Surfaces Alliance POLO TRANSPARENT HIGH BARRIER FILM FOR ORGANIC ELECTRONICS ROLL-TO-ROLL PILOT PRODUCTION, Datenblatt, Fraunhofer FEP, 2012

[Pop11] Poprawe, R. (2011). Tailored Light 2. Aachen: Springer Verlag.

[Pop94] Popall, M., Kappel, J., Schulz, J., & Wolter, H., ORMOCERs, inorganic-organic polymer materials for applications in micro systems technology. 4th International conference on Micro Electro, Opto, Mechanical Systems and Components, (S. 271-280), Berlin/Würzburg, 1994

[Pos21] POSpulse, Inwiefern hat das Verpackungsmaterial einen Einfluss auf die Kaufentscheidung?, Statista, 2021

[Pot95] Potente H, Heil M and Korte J: Welding of plastics using CO 2 lasers, IIW commission XVI document, XVI-681-95, 1995

[Qpe20] Q-Peak, Inc., Datasheet Firebow CW10, "CW Thulium doped fiber laser to achieve more than 1 kW at 2 µm", abgerufen am 23. September 2023 unter http://www.qpeak.com/products/hardened-laser-architectures/firebow

[Ram62] Ramanujan, S., Ramanujan's Collected Works, Chelsea, New York, 1962

[Roe08] Roesner, A., Abels, P., Olowinsky, A., Matsuo, N.; Hino, S., Absorber-Free Laser Beam Welding of Transparent Thermoplastics, Congress Proceedings: 27th International Congress on Applications of Lasers & Electronics Optics (ICALEO), 2008

[Rus09] Russek, Ulrich: Laserschweißen von Kunststoffen, 1. Auflage, Verlag Moderne Industrie, Band 319, 2009

[Sch02] Schulz, J. (2002) Material, Process and Component Investigations at Laser Beam Welding of Polymers, PhD Thesis, RWTH Aachen University

[Sch12] Schmid, M.; Dallmann, K.; Bugnicourt, E.; Cordoni, D.; Wild, F.; Lazzeri, A.; Noller, K.: Properties of Whey-Protein-Coated Films and Laminates as Novel Recyclable Food Packaging Materials with Excellent Barrier Properties, in: International Journal of Polymer Science, Vol. 2012, 2012.

[Sch14] Schulz-Ruthenberg, M., Seminal Tools for Roll-to-Roll Manufacturing Production of organic electronics strongly benefits from laser structuring and welding, Laser technik Journal, 2014

[Sch98] Schröder, Gottfried: Technische Optik, Vogel Fachbuch, 8. Auflage, 1998

[Son24] SONOTRONIC GmbH; Ultraschall-Trennschweißen - Materialien in einem Arbeitsschritt verschweißen und gleichzeitig trennen; www.sonotronic.de/de/technologien/ultraschall/ultraschall-trennschweissen/; Karlsbad-Ittersbach; Deutschland; abgerufen 07.07.2024

[Sta22] PlasticEurope (30. Oktober 2022) Anteile an der Verwendung von Kunststoffen in Europa nach Einsatzgebieten in den Jahren 2019 bis 2021, In Statista, Zugriff am 23. September 2023 von https://de.statista.com/statistik/daten/studie/206528/umfrage/verwendung-von-kunststoff-in-europa-nach-einsatzgebieten

[Stö14] Stöhr, N.; Baudrit, B.; Heidemeyer, P.; et al.: Schweißeignung weichgemachter Biofolien Einfluss der Materialzusammensetzung von Biokunststoffen auf die Schweißbarkeit. In Kunststoffe, München: Carl Hanser Verlag, Nr. 10, S. 188-191, 2014

[Svv85] Eidgenössische Materialprüfungs- und Forschungsanstalt St. Gallen, CH: Siegeln von Verpackungsfolien, Material und Technik, Band 13, 1985

[Tel24] TELSONIC AG; Trennschweissen und Schneidverfahren im Detail erklärt; www.telsonic.com/de/ultraschall-schneiden/schneiden-mit-ultraschall/; Bronschhofen; Schweiz; abgerufen 07.07.2024

[Tkl99] Ebert, Tom: Transparente Kunststoffe mit Laser Fügen, Kunststoffe, Band 89, München, 1999

[Twb09] Fraunhofer AVV: Leichtes Öffnen peelbarer Verpackungen, Verpackungsrundschau 2009, TWB Forum Wissenschaft, Heusenstamm,2009

[Ukp17] DeCesar,B., Jang,H., Shannon,G., Testing demonstrates that from a processing perspective, a femtosecond laser is the correct tool for polymer processing, Selecting the best ultrashort-pulse laser for polymer processing, INDUSTRIAL LASER SOLUTIONS, Laser Focus World , 2017

[Vas06] Karol Vasko, Schichtsysteme für Verpackungsfolien mit hohen Barriereeigenschaften, Dissertation, Technischen Universität München, 2006

[Vpg19] Bundesministeriums der Justiz sowie des Bundesamts für Justiz, Gesetz über das Inverkehrbringen, die Rücknahme und die hochwertige Verwertung von Verpackungen, 2019

[Wto22] World Trade Organization (WTO): World Trade Statistical Review 2022; eigene Berechnungen; United Nations Conference on Trade and Development (UNCTAD): Online-Datenbank: UNCTADstat

[Xsf12] Branchenbuch der Verpackungstechnik für die Lebensmittelindustrie und der weitere Hersteller von Verpackungsgütern, 2017 ff.

[Zho04] ZHOU, B. H.; MAHDAVIAN, S.: Experimental and theoretical analyses of cutting nonmetallic materials by low power CO2-laser. In: Journal of Materials Processing Technology 146, 2004, N. 2, S. 188–192

[Zve13] ZVEI, Fachverbände Electronic Components and Systems und PCB and Electronic Systems e.V., Volker Kaiser, Langzeitlagerfähigkeit von Bauelementen, baugruppen und Geräten, Leitfaden, September 2013

Nachfolgend sind die Abschluss- bzw. Projektarbeiten aufgeführt, die während der Forschungstätigkeit am Fraunhofer-Institut für Lasertechnik ILT in der Gruppe Mikrofügen wissenschaftlich betreut worden sind und deren Ergebnisse mit in die vorliegenden Dissertationsschrift eingeflossen sind:

A1. Bachelorarbeit von Michael Gauder, Verfahrensvergleich zum Laserschweißen von Multilayer-Polymerfolien, RWTH Aachen, Betreuender Professor: Prof. R. Poprawe, wissenschaftlicher Betreuer: Maximilian Brosda, M.Eng., 2018, Aachen

A2. Bachelorarbeit von Maurice Gottschalk, Simultanes Laserdurchstrahlschweißen und Laserschneiden von Polymerfolien, FH Aachen, Lehrstuhl für Lasertechnik LLT RWTH Aachen, Betreuende Professoren: Prof. Fleischhaker, Prof. Poprawe, wissenschaftlicher Betreuer: Maximilian Brosda, M.Eng., 2018, Aachen

A3. Bachelorarbeit des Autors Maximilian Brosda, Integration einer Temperaturregelung mittels Pyrometrie beim Laserpolieren von Quarzglas, FH Aachen, Lehrstuhl für Technologie Optischer Systeme TOS RWTH Aachen, Fraunhofer-Institut für Lasertechnik ILT, Betreuende Professoren: Prof. Gebhardt, Prof. Loosen, 2010, Aachen

A4. Bachelorarbeit von Fabio Bußmann, Untersuchungen zum Zusammenhang zwischen Emissionswellenlänge und optischer Laserleistung beim Laserdurchstrahlfügen von thermoplastischen Polymerfolien, Lehrstuhl für Lasertechnik LLT RWTH Aachen, Betreuender Professor: Prof. Häfner, wissenschaftlicher Betreuer: Maximilian Brosda, M.Eng., 2021, Aachen

A5. Bachelorarbeit von Stefan Quach, Laserpolymerbearbeitung mit neuen Wellenlängen, Lehrstuhl für Lasertechnik LLT RWTH Aachen, Betreuender Professor: Prof. Poprawe, wissenschaftlicher Betreuer: Maximilian Brosda, M.Eng., 2017, Aachen

A6. Bachelorarbeit von Markus Stöckmann, Laserdurchstrahlschweißen von Biopolymeren, FH Düsseldorf, Lehrstuhl für Lasertechnik LLT RWTH Aachen, Betreuender Professor: Prof. Poprawe, wissenschaftlicher Betreuer: Maximilian Brosda, M.Eng., 2015, Aachen

A7. Diplomarbeit von Christopher Krautwig, Simulative Untersuchungen zur Temperaturverteilung beim Laserdurchstrahlschweißen absorberfreier Kunststoffe, Lehrstuhl für Technologie Optischer Systeme RWTH Aachen, Betreuender Professor: Prof. Loosen, wissenschaftlicher Betreuer: Viktor Mamuschkin, M.Sc., 2014, Aachen

A8. Masterarbeit des Autors Maximilian Brosda, Lasersealing für Folienverpackungen, FH Aachen, Lehrstuhl für Lasertechnik RWTH Aachen, Fraunhofer-Institut für Lasertechnik ILT, Betreuende Professoren: Prof. Gebhardt, Prof. Poprawe, 2013, Aachen

A9. Masterarbeit von Phong Nguyen, Laserstrahldurchstrahlschweißen von Multilayer-Folien mit Biopolymeranteilen, Lehrstuhl für Lasertechnik LLT RWTH Aachen, Betreuender Professor: Prof. Poprawe, wissenschaftlicher Betreuer: Maximilian Brosda, M.Eng., 2016, Aachen

A10. Masterarbeit von Alexander Pelzer, Untersuchung eines laserbasierten Verkapselungsprozesses für die Herstellung von Dünnschichtbatterien, Lehrstuhl für Lasertechnik LLT RWTH Aachen, Betreuender Professor: Prof. Poprawe, wissenschaftlicher Betreuer: Maximilian Brosda, M.Eng., 2016, Aachen

A11. Masterarbeit von Stephan Straaten, Zerstörungsfreie Prüfverfahren zur Bewertung von Kunststoffschweißnähten, Lehrstuhl für Lasertechnik LLT RWTH Aachen, Betreuender Professor: Prof. Poprawe, wissenschaftlicher Betreuer: Maximilian Brosda, M.Eng., 2014, Aachen

A12. Praxisprojekt von Maurice Gottschalk, Aufbau und Inbetriebnahme einer Optik für simultanes Laserdurchstrahlschweißen und Laserschneiden von Polymerfolien, FH Aachen, Lehrstuhl für Lasertechnik RWTH Aachen, Betreuende Professoren: Prof. Fleischhaker, Prof. Poprawe, wissenschaftlicher Betreuer: Maximilian Brosda, M.Eng., 2017, Aachen

A13. Projektarbeit von Christian Fritschen, Evaluierung flexibler Spannkonzepte für Foliensiegelanwendungen mit Laserstrahlung, Lehrstuhl für Technologie optischer System RWTH Aachen, Betreuender Professor: Prof. Loosen, wissenschaftliche Betreuer: Christoph Engelmann, M.Sc., Viktor Mamuschkin M.Sc., Maximilian Brosda, M.Eng., 2015, Aachen

In der Reihe **Ergebnisse aus der Lasertechnik** zuletzt erschienen:

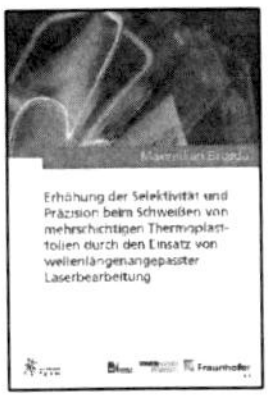

Brosda, Maximilian:
Erhöhung der Selektivität und Präzision beim Schweißen von mehrschichtigen Thermoplastfolien durch den Einsatz von wellenlängenangepasster Laserbearbeitung
ISBN: 978-3-98555-229-0
Erscheinungsdatum: 02.09.2024

Fink, Samuel Moritz:
Laserbasierte Kristallisation von nasschemisch applizierten Lanthan-Nickel-Oxid-Schichten
ISBN: 978-3-98555-227-6
Erscheinungsdatum: 19.08.2024

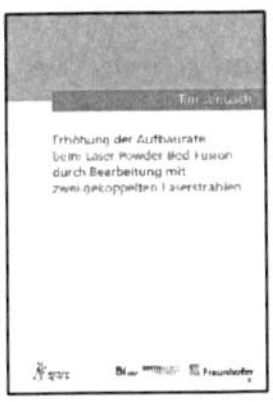

Lantzsch, Tim:
Erhöhung der Aufbaurate beim Laser Powder Bed Fusion durch Bearbeitung mit zwei gekoppelten Laserstrahlen
ISBN: 978-3-98555-222-1
Erscheinungsdatum: 26.06.2024

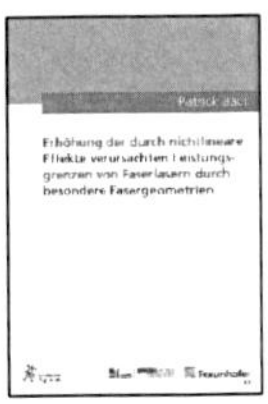

Baer, Patrick:
Erhöhung der durch nichtlineare Effekte verursachten Leistungsgrenzen von Faserlasern durch besondere Fasergeometrien
ISBN: 978-3-98555-207-8
Erscheinungsdatum: 26.03.2024

Dahmen, Marius:
Laserbasierte Funktionalisierung von partikulären Polyetheretherketon-Beschichtungen auf Aluminiumsubstraten mittels Zwei-Strahl-Ansatz
ISBN: 978-3-98555-190-3
Erscheinungsdatum: 12.12.2023

Edition Wissenschaft
Apprimus

Klein, Sarah:

Faser-Bragg-Gitter für die Frequenzstabilisierung multimodiger Hochleistungslaserdioden und -faserlaser

ISBN: 978-3-98555-183-5
Erscheinungsdatum: 08.12.2023

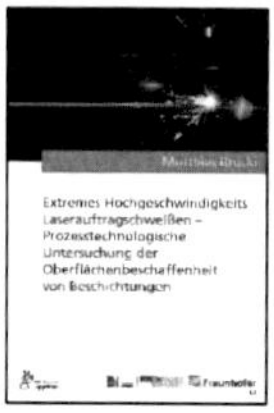

Brucki, Matthias:

Extremes Hochgeschwindigkeits-Laserauftragschweißen – Prozesstechnologische Untersuchung der Oberflächenbeschaffenheit von Beschichtungen

ISBN: 978-3-98555-180-4
Erscheinungsdatum: 07.11.2023

Hollatz, Sören:

Funktionsorientiertes Laserstrahl-Mikroschweißen von Aluminium-Kupfer-Verbindungen mit örtlicher Leistungsmodulation

ISBN: 978-3-98555-178-1
Erscheinungsdatum: 03.11.2023

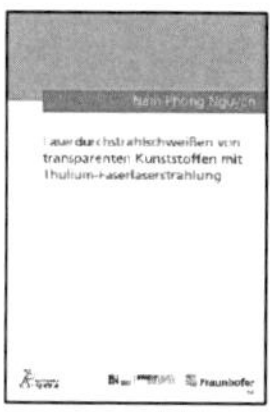

Nguyen, Nam-Phong:

Laserdurchstrahlschweißen von transparenten Kunststoffen mit Thulium-Faserlaserstrahlung

ISBN: 978-3-98555-172-9
Erscheinungsdatum: 18.09.2023

Haasler, Dennis:

Tiefbohren in Metallen mittels ultrakurzen Laserpulsen

ISBN: 978-3-98555-119-4
Erscheinungsdatum: 24.11.2022

Edition Wissenschaft
Apprimus